马太效应：强者恒强，弱者恒弱

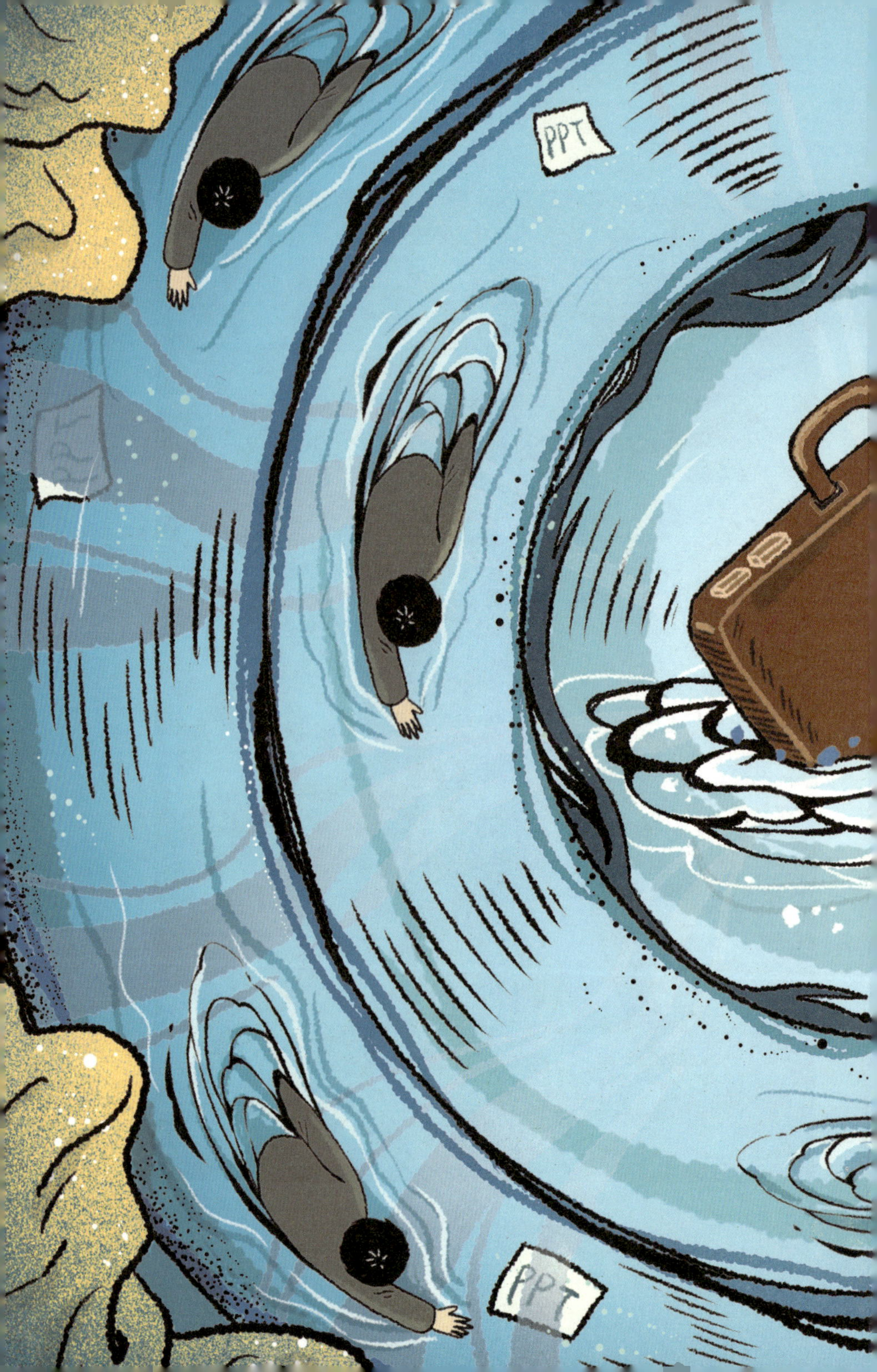
PPT
PPT

内卷化效应：别让你的人生败给了"重复"

鸟笼效应：我们并不完全是自己的主人

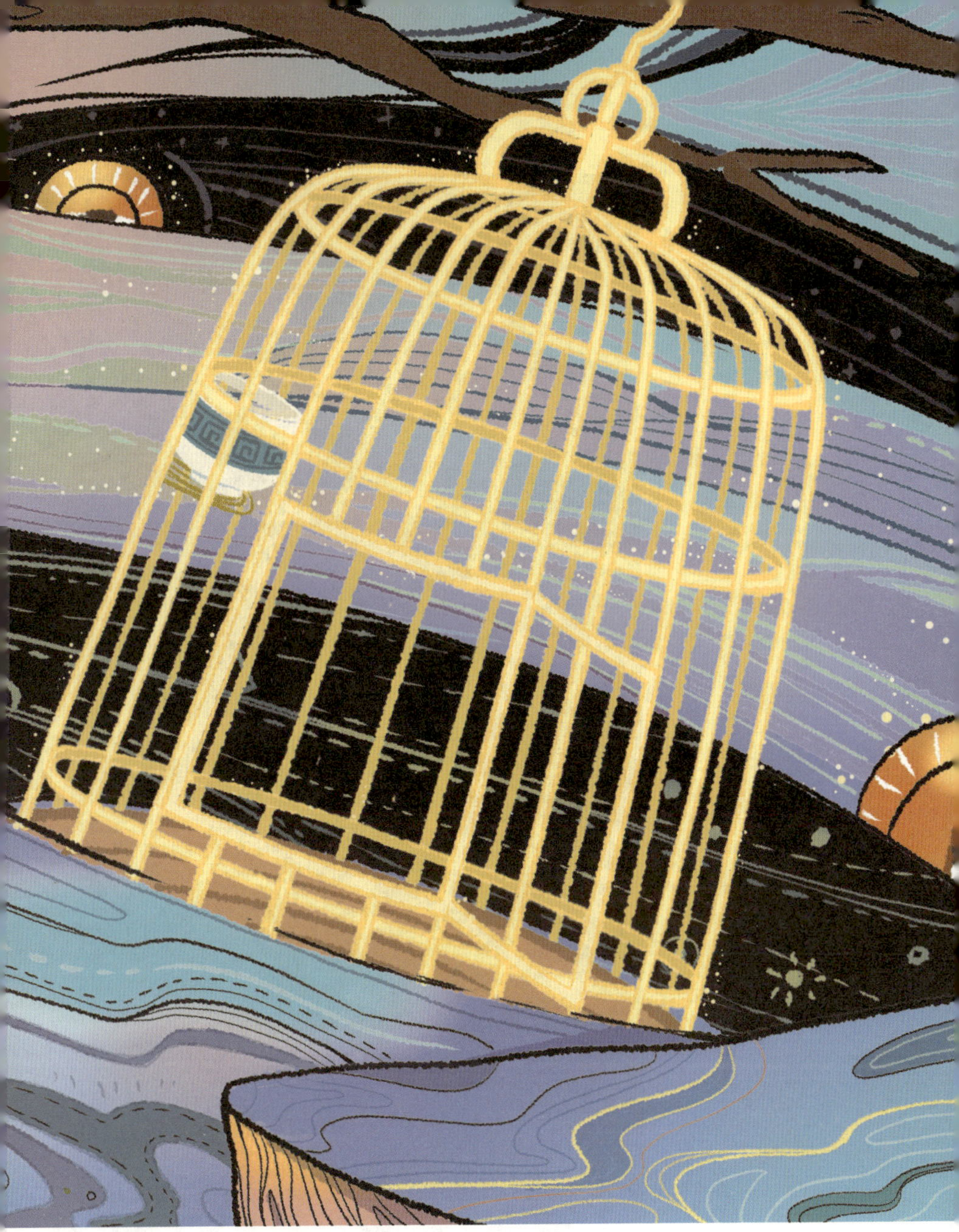

约拿情结：害怕失败，也害怕成功

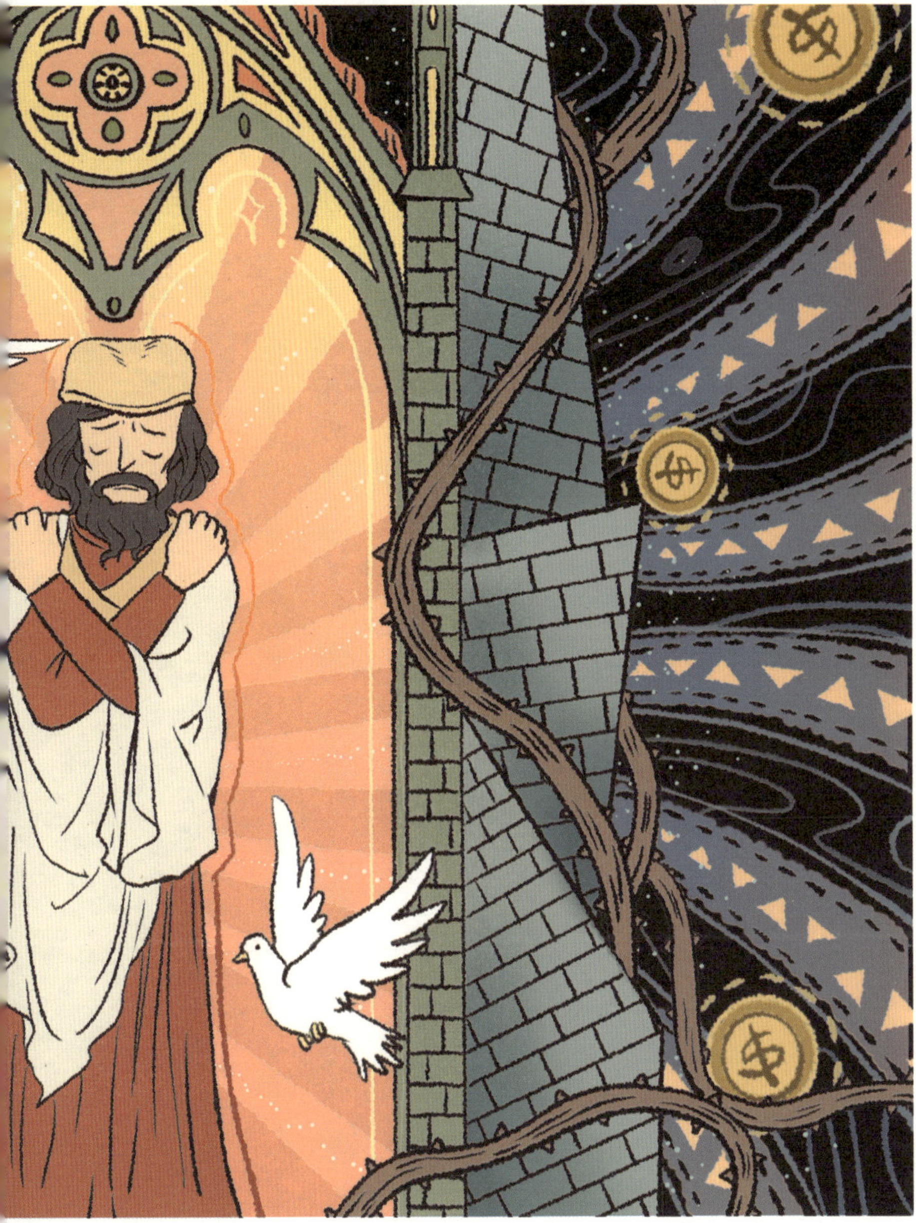

鸟笼效应

卜涵秋 - 著

BIRDCAGE EFFECT

中国水利水电出版社
www.waterpub.com.cn
·北京·

内容提要

本书是一本以"鸟笼效应"为核心的心理学趣味读物。鸟笼效应是由近代杰出心理学家詹姆斯发现的一种心理学现象，鸟笼效应指出，在现实生活中，人们普遍会在偶然获得一件原本不需要的物品的基础上，继续添加更多与之相关而自己不需要的东西。鸟笼效应会出现在日常生活中的方方面面，并且在无形中影响我们。本书将从学习、工作、生活等方面阐述鸟笼效应的本质以及对我们的影响，并告诉我们如何避免鸟笼效应。

图书在版编目（CIP）数据

鸟笼效应 / 卜涵秋著. -- 北京：中国水利水电出版社，2021.8
　ISBN 978-7-5170-9738-9

　Ⅰ. ①鸟… Ⅱ. ①卜… Ⅲ. ①心理学－通俗读物
Ⅳ. ①B84-49

中国版本图书馆CIP数据核字(2021)第140509号

书　　名	鸟笼效应 NIAOLONG XIAOYING
作　　者	卜涵秋　著
出版发行	中国水利水电出版社 （北京市海淀区玉渊潭南路1号D座　100038） 网址：www.waterpub.com.cn E-mail: sales@waterpub.com.cn 电话：（010）68367658（营销中心）
经　　售	北京科水图书销售中心（零售） 电话：（010）88383994、63202643、68545874 全国各地新华书店和相关出版物销售网点
排　　版	北京水利万物传媒有限公司
印　　刷	天津旭非印刷有限公司
规　　格	146mm×210mm　32开本　9印张　180千字
版　　次	2021年8月第1版　2021年8月第1次印刷
定　　价	49.80元

凡购买我社图书，如有缺页、倒页、脱页的，本社发行部负责调换
版权所有·侵权必究

前言

要获得成功，较高的智商固然必不可少，但更重要的是较高的情商，因为情商反映了个体的社会适应性。而个体要获得成功，就需要在成长的过程中不断提升自己的情商，培养自己的成功特质。

一项针对52位成功人士的调查表明，他们大多具有以下特质：不断学习的心态，务实的乐观主义品格，坚定的信仰，保持好奇心，做事专注且善于任用人才，具备卓越的领导协调能力，能够给予他人充分的信任。

成功人士的这些特质，其实反映了获得成功所必备的情商要素，即积极的心态、乐观的精神、创新意识、敏锐的判断力和出色的人际沟通能力。这些情商要素的重要性，已经被相应的心理学理论证明。

1907年，心理学家威廉·詹姆斯和物理学家卡尔森之间的一场赌约，让人们知道了鸟笼效应的存在。这个建立于惯性思维和心理暗示原理的心理效应提示人们，要获得成功，就要打破固定的思维模式，积极寻求变化，突破自我设限，勇于面对并接受他人的不认可，在理智思考的同时，发现"鸟笼"内外存在的机

鸟笼效应

遇,进而让自己成功逆袭。

从罗宾·汉斯到工程师威利·卡瑞尔,正是不断的努力,才有了卡瑞尔公式。这个源自面对最糟糕处境寻求解脱方法的心理效应,用他人的实践为寻求幸福与成功的我们,送上了一剂"灵丹妙药"。它提示我们,行走在人生路上,要获得成功,不能一味地感叹人性复杂、世事难料,更不能心生畏怯,而是要勇于面对有着诸多矛盾和险阻的现实生活,接受现实的残酷,在磨炼意志的同时提升能力。

面对束手无策的逃避、怯难和畏惧等诸多负面心理和行为,心理学家马斯洛、马蒂纳·霍纳在对"伪愚"和"成功恐惧"的心理进行分析后,指明正是约拿情结让个体在机遇面前自我逃避、退后畏缩。约拿情结这一极具宗教色彩的心理效应告诉我们,要想获得成功,就不能在机遇面前自我逃避、退后畏缩,不敢去做自己能做得很好的事,甚至逃避发掘自己的潜力,逃避成长,这样会让我们丧失上进心,无法承担伟大的使命,失去成功的可能。

目标的存在让个体获得鼓励,不断奋进。不过,一旦目标成为前行路上沉重的负担,它就会失去激励作用,成为阻碍个体走向成功的"绊脚石"。为此,围绕着目标和成功,不同流派的心理学家进行了深入的研究,继而提出了动机理论。在此基础上,

前言

1967年，心理学教授埃德温·洛克经过深入研究，发现了目标和动机之间的联系，进而提出了洛克定律。洛克定律告诉我们，在成功的路上，与其感叹人生的失败，不如反思目标的合理性，找到适合自己的"篮球架"，制订合理的目标，让自己在不断地跳跃中，自我鼓励，不断奋进。

世界上没有完全相同的两片树叶，也不存在完全一样的两个人。造成个体之间存在差异的根本原因，一个是决定个体独特的行为和思想的个性，另一个就是决定着个体自我调节能力的认知水平。为了探寻个性和认知水平对成功的影响，心理学家以化学家奥托·瓦拉赫的成功人生为研究对象，提出了瓦拉赫效应。这一心理效应提醒每一个追求成功的人，每个人都是独特的，要获得成功，首先就要明确自我价值，认识到自己的所长所短，在扬长避短的过程中找到生存之道、发展之理。

当竞争成为社会上司空见惯的现象，当个体面对竞争表现出不同的态度时，人类学家格尔茨在田园牧歌式生活中的发现，让"内卷"一词的使用范围扩大到政治、经济、社会、文化及其他学术研究中。于是，基于心理学上的习得性无助原理的内卷化效应就此成了网络热词，它提醒我们，安于现状只会让我们如同陷入泥潭中的汽车，无谓地耗费能量，重复简单的操作，失去前行的动力，浪费宝贵的人生。唯有让自己不断成长，才能提升应变能力，获得突变式的发展。

无论身在何处，当你发现自己开始埋怨命运的不公时，请试着了解科学史研究者罗伯特·莫顿提出的马太效应背后的心理机制。你会发现，我们之所以无法摆脱贫穷，屡遭失恋和失业的痛苦，根本原因就在于我们时刻处于被暗示之中。唯有认识到充斥于周遭的不良暗示，用积极的心理暗示激励自己，学会用积极取代消极，才能用成功打败失败。

在生活中，你是否一直力图活成自己期待的样子，最终却发现，自己活成了他人期望或自己最讨厌的样子。当你对此百思不得其解之时，去读一读皮格马利翁效应吧。你会发现，我们都在无意识中影响着他人，也在被他人影响着，人与人之间就是彼此协商、共同成就的。因此，个体在成长的过程中，不能单纯地借助外界的评价激励自己，而是要激发内在动机，让自我期待催发前进的力量，如此方能实现自己的目标，活成自己期望的样子。

权力是人类社会特有的现象，存在于人与人之间的支配与服从的关系中。社会心理学家斯坦利·米尔格拉姆围绕权力与服从进行了深入的研究，结果发现，当个体处于某种特定的情境时，会出于对权力的服从做出违背本心和违反道德伦理的行为。由此，他提出了著名的米尔格拉姆效应。这一心理效应告诉我们，之所以有的人臣服于对方，失去自我，有的人无视权力，成为桀

前 言

骜不驯之人，就是因为存在着对权力的尊崇或反抗心理。要想科学地看待自己或他人手中的权力，就需要我们在正视服从命令这一人性本能的前提下，认识到事物的两面性，以理性的态度分析客观事物，于纷繁的情况中保持清醒，培养自己科学的认知态度，让自己获得绵绵不绝的力量。

心理学家弗洛伊德认为，人一生最大的需求只有两个：一个是性需求，另一个是被当成重要人物看待的自重感需求。自重感效应就是基于后者提出的一个心理效应。它表明，一个自重感被满足的个体，会反过来认同并重视他人，以满足他人的自重感。因此，在社会生活中，我们要学会恰当地运用自重感效应，在识别自身和他人的心理需求的同时，提升自我认知，让自己和他人的自重感需求获得满足，从而提高人际沟通的质量，为自己的成长创造良好的人际环境。

个体从出生到死亡，一直都是集体中的一员。因此，人际关系一直影响着个体的健康成长和幸福生活。为什么人际关系会对个体的成长有着如此深远的影响？以艾略特·阿伦森为首的社会心理学家对此进行了深入的研究。他们发现，在人际关系中，每个人都喜欢、接纳对自己友好的人，排斥那些不喜欢自己的人。由此，互惠关系定律产生。这一定律指出，在人际交往中，投桃报李是最基础的法则。你对待他人的态度，决定了他人对待你的态度。个体唯有与人相处时心怀感恩、互惠互利，才能在帮助他人的同时帮助自己，从而营造出良好的人际关系，收获预期的成功。

哲学家苏格拉底告诉我们："幸福的生活往往很简单，比如最好的房间，就是必需的物品一个也不少，没用的物品一个也不多。做人要知足，做事要知不足，做学问要不知足。"本书最后一章狄德罗效应提醒我们，贪欲是无止境的，个体只有学会控制和管理自己的欲望，善于并愿意止欲，才能避免来自外界的更多的物质和精神的压力，才能不为非必要的物质所累，以至于"为奢侈的生活而疲于奔波"，偏离自己的人生目标和发展方向，最终让"幸福的生活离我们越来越远"。

所谓"世事洞明皆学问"，了解一些心理学知识，对于追求成功的我们可以起到事半功倍的效果。请你暂时抛开尘世的喧嚣，独处一隅，翻开本书，在心理效应的解读中，了解心理学家的成功之路，学习他人对心理学的成功运用，为自己的成功助力，让自己扬帆起航！

目录 CONTENTS

Part 01 第一章 | 威廉·詹姆斯和鸟笼效应
自我盲从的心理陷阱

第一节 惯性思维把人困在"鸟笼"里
一个赌注引发的心理学革命　　003
成功突破"牢笼"的典范　　006
心理学大师的开拓之路　　009

第二节 冲出鸟笼，方能实现自我成长
冲破惯性思维的墙　　012
慢半拍带来的连锁反应　　016
一个探险家的执念　　019

Part 02 第二章 | 卡瑞尔和卡瑞尔公式
自我纠结的心理陷阱

第一节 要想走出困境，先得直面困境
消除烦恼的万灵方案　　　　　　　　025
不敢直面现实的存肢效应　　　　　　028

第二节 接受最坏的，追求最好的
天才医生让生命绽放光芒　　　　　　030
贫民窟里走出的世纪球星　　　　　　034
杰克·韦尔奇帮助通用走出困境　　　037

Part 03 第三章 | 马斯洛和约拿情结
自我逃避的心理陷阱

第一节 马斯洛与"上帝的鸽子"
约拿情结是逃避的代名词　　　　　　045
第三代心理学的开创者——马斯洛　　049
马斯洛的研究和发现　　　　　　　　053

第二节 不要害怕失败，更别害怕成功
与恐惧同行的艾德·赫尔姆斯　　　　057
别对自己说"不可能"　　　　　　　061

Part 04 第四章 洛克和洛克定律
自我定位的心理陷阱

第一节 找到适合自己的"篮球架"
洛克和他的"篮球架" 069
成就目标的影响 073
爱制订目标的心理学家 074

第二节 成功的道路是目标铺出来的
高度自信的罗杰·史密斯 078
"世界第一夫人"的内心力量 085

Part 05 第五章 瓦拉赫的诺奖之路
自我认知的心理陷阱

第一节 瓦拉赫与他的探索之路
个性心理原理 093
自我认知理论 095
诺贝尔奖得主的曲折人生 097

第二节 向着正确的目标行动
马克·吐温的人生支点 101
传奇作家的文学之路 106
推销之神发掘内在力量 110

III

Part 06 第六章 吉尔茨与内卷化效应
自我重复的心理陷阱

第一节 吉尔茨与内卷化效应
内卷化，人类群体的常态　　117
习得性无助促成内卷化　　119
"田园牧歌"生活的审视者　　122

第二节 活出自己，方能战胜内卷化
松下幸之助：不困守于当下　　125
托马斯·J.华特森：思考成就人生　　129

Part 07 第七章 莫顿和马太效应
自我耗损的心理陷阱

第一节 罗伯特·莫顿与马太效应
强者恒强，弱者恒弱　　137
刻板印象的引导　　140
科学社会学的奠基人　　142

第二节 成功需要由内到外的变化
量变到质变，收获成功　　145
决不后退，曲折中成长　　150

Part 08 第八章 | 罗森塔尔和皮格马利翁效应
自我期望的心理陷阱

第一节　皮格马利翁效应与罗森塔尔

期望是成长中的雕刻刀　　　　　157

人本主义理论　　　　　　　　　159

需求层次理论　　　　　　　　　160

阳性强化法　　　　　　　　　　161

心理学巨擘罗伯特·罗森塔尔　　163

第二节　期望值越高，成功率越高

在自我期待中前行　　　　　　　166

把脚步留到白云上　　　　　　　171

在确定的目标中前行　　　　　　175

Part 09 第九章 | 米尔格拉姆与米尔格拉姆效应
自我服从的心理陷阱

第一节　米尔格拉姆的残酷实验

"服从命令"是人性的本能　　　　181

发人深思的服从心理　　　　　　185

一代心理学大师的成长之路　　　188

六度分离理论的创立　　　　　　192

第二节　避免盲目服从的关键

不盲从改写人生　　　　　　　　195

大胆拒绝，开辟新天地　　　　　198

Part 10　第十章　弗洛伊德与自重感效应
自我重视的心理陷阱

第一节　自重感效应与弗洛伊德

人们需要被认同　　　　　　　　205

自重感效应的实质　　　　　　　206

精神分析的创始人　　　　　　　208

第二节　双向认同：人人都想成为英雄

自重感效应助力成功　　　　　　213

双向自重成就自己　　　　　　　218

Part 11　第十一章　阿伦森与互惠关系定律
自我关怀的心理陷阱

第一节　说服力是靠行动做出来的

情感互逆，创设良好关系　　　　225

互惠定律的本质是满足需求　　　227

三栖全才艾略特·阿伦森　　　　229

第二节　成功离不开互惠关系定律
　　乔·吉拉德：互惠关系带来效益　　　　　　236
　　巧妙互惠，打造人性化管理　　　　　　　　240

Part 12 第十二章 | 狄德罗与狄德罗效应
自我满足的心理陷阱

第一节　得到的越多，越难以满足
　　得到越多，欲望越多　　　　　　　　　　　245
　　膨胀的欲望：本我、自我和超我　　　　　　247
　　《百科全书》之父　　　　　　　　　　　　250

第二节　守心止欲，知足常乐
　　杰西·利弗莫尔：欲望的放纵者　　　　　　253
　　山姆·沃尔顿：大方的"小气鬼"　　　　　　257

Part 01 第一章

威廉·詹姆斯和鸟笼效应

自我盲从的心理陷阱

回顾自己的生活，相当多的人会发现自己经常无意识地做出许多身不由己的事情：因为朋友送的一个名贵包包，添置了一件价格昂贵的长裙，纵然衣橱中已经挂满不同风格的衣物；因为店家赠送的优惠券，数次重返同一家店铺，纵然已经吃腻了这家餐馆的食物；因为看到同事仍在加班，遂停止了回家的脚步，纵然此时自己已经完成了工作……回想这些事情，你是不是感觉当时的自己如同被操纵一般，做出了许多身不由己的事情？实际上，你只是钻入了一个无形的鸟笼，它就是威廉·詹姆斯提出的鸟笼效应。

第一节　惯性思维把人困在"鸟笼"里

一个赌注引发的心理学革命

　　鸟笼效应（Birdcage Effect），又称鸟笼逻辑，它是近代杰出的心理学家威廉·詹姆斯（William James）提出来的。这个心理效应的发现，源于詹姆斯和朋友的一个赌注。

　　1907年，双双退休的詹姆斯与好友物理学家卡尔森共同享受着退休的美好时光。这两位哈佛大学的退休教授经常聚在一起讨论问题，偶尔还会开些相当有价值的玩笑。一天，二人聊到詹姆斯的研究成果，詹姆斯想卖个关子，就兴奋地说，倘若卡尔森能将一只鸟笼挂在家中显眼之处，那么过不了多久他一定会买一只鸟放进去。卡尔森从来不曾养过鸟，自然不相信自己会做出这样的事情，而且他认为，自己的生活自己做主，詹姆斯怎么可能控制自己的想法呢？不过，他的确想了解一下老友会如何达成所愿，左右他的意志。于是二人就此立下了赌注。

　　没过几天，卡尔森的生日到了，他收到了詹姆斯送来的礼

鸟笼效应

物——一只精致的鸟笼。卡尔森笑了,戏谑地说:"你不要想着我会用它装一只鸟。说实话,我会将它当作一件漂亮的工艺品,摆放在那里观赏。"詹姆斯也笑了,没有反驳。

鸟笼被卡尔森挂在客厅的显眼之处,果真成为一件精美的艺术品。不过,慢慢地,每一个来访的客人都会看到这个空荡荡的鸟笼,并向卡尔森发出同样的疑问:"教授,你养的鸟何时死了?"卡尔森出于礼貌,不得不无数次地回答好奇的客人的问题,表明自己从来不曾养过鸟,鸟笼只是一件艺术品。

不过,这个答案显然不能让客人信服。他们或用怀疑的目光看着卡尔森,困惑于他不愿意承认所养的鸟死亡的事实;或以为他心爱的宠物死掉了,伤心难过不愿意再提起,甚至委婉地安慰他。一段时间以后,被客人们的问题和目光困扰的卡尔森教授不得不去买了一只鸟,以解脱自己于"苦难"之中,自动钻入了詹姆斯的"鸟笼"。

这个故事的具体情节,虽然不一定是当时情景的真实再现,但可以肯定的是,心理学巨匠威廉·詹姆斯的确据此提出了著名的心理学效应——鸟笼效应。

何谓鸟笼效应?它是指人们总会无意识地在自己的内心挂上一只"鸟笼",继而不由自主地往笼子里放入"小鸟"。这里的"鸟笼"其实就是人们的固定的思维模式,而"小鸟"则是在这

第一章·威廉·詹姆斯和鸟笼效应

种思维模式引导下做出的决定。

鸟笼效应是如何发挥作用的呢？这其中涉及潜意识和心理暗示。让我们通过卡尔森的具体行为来分析一下其心理变化的过程。

詹姆斯在最初先给卡尔森施加了一个心理暗示——给你一只鸟笼，你一定会在不久后养一只鸟。尽管卡尔森一再从心理上进行抵制，然而，这个信息还是先入为主地进入了卡尔森的潜意识。在双方的赌约中，鸟笼必须挂在显眼的地方，又为强化心理暗示的效果提供了必要的条件——卡尔森在人类惯性思维的影响下，一看到鸟笼，就会想到鸟。同样在人类惯性思维的影响下，来访的客人一看到鸟笼，也会不由自主地想到鸟，而空着的鸟笼，自然令客人想到是鸟死了，继而展开自由联想，导致了后面一系列事情的发生。

此时，卡尔森就处于人们共同的心理状态之中——鸟笼是用来装鸟的，鸟死了，必须再养一只鸟。倘若卡尔森不养一只鸟，就成了共同群体中的异类，必然会引来众人不停的质疑与劝慰。于是，卡尔森为了寻求归属共同群体的存在感，就被从众心理影响而买了一只鸟。

是不是很可怕？一只小小的鸟笼竟然具有如此巨大的能量，会让一位物理学家在明知赌注底牌的情况下缴械投降，更何况现实生活中浑然不觉的普通人呢？

为此，个体在现实生活中，要在认识鸟笼效应影响的同时，主动发现自己身边的一个又一个"鸟笼"，在承认惯性思维存在的同时，积极寻求变化，以突破"鸟笼"的限制。比如，在此过程中，要敢于面对并接受他人的不认可，勇于舍弃，用理智思考问题，发现"鸟笼"存在的动机，及时提醒自己避免因他人的影响而做出不正确或不理智的决定。

当然了，鸟笼效应同样有其合理性。这是因为鸟笼效应是基于惯性思维和心理暗示而产生影响的。个体倘若可以利用这一点，就可以改变自己。比如，让自己养成良好的生活习惯，减少不必要的行为，强化必要的行为，从而提升生活质量。

成功突破"牢笼"的典范

威廉·詹姆斯不仅是鸟笼效应的提出者，而且是科学心理学的创立者，是美国本土第一位哲学家，更是出色的教育学家和作家。2006年，他被美国权威期刊《大西洋月刊》评为影响美国的100位人物之一。詹姆斯的一生可谓是成功突破"鸟笼"者的典范。

1842年，詹姆斯出生于美国纽约市一个有科学精神的爱尔兰裔牧师家庭。詹姆斯一家都是突破鸟笼效应的典范。他的祖父早年移居美国后，成功投资开发伊利运河，使家族成员成为当地富豪。他的父亲亨利·詹姆斯（Henry James Sr.）更是一位睿智的神学家。虽然失去了一条腿，但并不影响亨利对知识的追寻，他勇敢地冲破"鸟笼"的束缚，专注地研究宗教及哲学问题。33岁时，亨利突然深受焦虑情绪的困扰，最后在瑞典神秘主义者依曼纽·斯维登堡的哲学中寻找到了解救的方法。这使得他开始走出原来的"笼子"，开始在神学和社会改革方面的写作，成为"一位哲学家和真理的追求者"。

鉴于自己的经历，亨利极其重视孩子的教育。由于对美国的学校不太满意，他就不时带五个孩子去欧洲旅行，在那里短暂居住，让他们增长见识，以补充学校教育的欠缺。因此，威廉在美国、英国、法国、瑞士和德国都上过学，还接受过私人教育。这种兼收并蓄的跨大西洋教育使威廉受到了多种文化的滋养，而且精通五门语言，并曾听过梭罗、爱默生、格里利、霍桑、卡莱尔、丁尼生和J.S.密尔等名人的高谈阔论，甚至与他们进行过交谈。加之在喜爱阅读的父亲的影响下，威廉广泛阅读哲学著作，夯实了哲学基础。不得不说，这为他后来成为心理学巨匠打下了坚实的基础。

17岁时，威廉表明了自己想成为一名画家的想法，而父亲希望他从事与科学或者哲学相关的工作。但这位开明的父亲没有强烈反对威廉的想法，而是全家迁往瑞士的日内瓦，并安排威廉进入科学研究院学习科学，期望他可以做出改变。然而，立志成为一名画家的威廉并没有因此改变自己的志向。于是，父亲同意了他的选择，让他重返美国，进入罗德岛纽波特的威廉·莫里斯·亨特工作室做学徒，学习绘画。不过，随着学习的深入，威廉发现自己缺乏做画家的天分，便放弃了这一志向。最后，在父亲的建议下，他于1861年进入哈佛大学劳伦斯科学学院，在埃利奥特（Charles W. Eliot）的指导下攻读化学。

然而，化学研究中必不可少的复杂的实验室工作，很快就让他失去了耐心。恰好此时家庭经济状况出现了问题，作为长子，威廉必须考虑家中的经济现状，就转到哈佛医学院学医，毕竟医生的收入还是颇为丰厚的。然而，医学也没能唤起他的学习热情。为了寻找自己的兴趣点，威廉花费近一年的时间，跟随哈佛博物学家路易·阿加西兹去亚马孙河研究自然史。然而，因在考察过程中感染了天花，加之不能完成准确而有秩序的标本收集和归类工作，他不得不再次回到医学院。这一阶段，威廉陷入了焦虑的情绪之中，并由此引发了腰疼、视力欠佳、消化不良等反应，严重时，他甚至产生过自杀的冲动。为了解决身体上的病痛和心理上的焦虑，他远去法国和德国生活了两年。这两年，威廉在亥姆霍兹和其他著名的生理学家手下学习，并熟悉了心理学，由此明确了自己的兴趣点也不在医学，而在于哲学和心理学。

不得不说，威廉能够在人生的道路上成功逆袭，成为所在领域的巨匠和开山人物，与他这些丰富的经历有着相当重要的关系。而这种不断变化的生活和经历，也注定他必须不断打破惯性思维打造的"鸟笼"。

心理学大师的开拓之路

威廉再度回到哈佛时，已经27岁了。不过，天才与年龄无关。他顺利地完成医学院的课程，但经过慎重考虑，还是放弃了从医的初衷，开始了心理学的研究之路。然而，对前途的迷茫让威廉再度遭遇了焦虑的袭击。有一年的时间，他心情抑郁，处于情绪危机之中，不时承受莫名的恐惧袭击，还时而出现幻觉。那时候，威廉的内心宇宙彻底发生了改变。今天看来，或许就是极度的压力导致了威廉产生这些心理问题，甚至可以说是严重的抑郁状态。

为了让自己从这种不正常的状态中解脱出来，威廉开始大量阅读，希望借助阅读找到问题的答案。他阅读一系列的哲学著作，在读《论自由意志》时，他受到了深深的触动，并由此认识到，自己要相信自己的意志，相信自己的创造力。从此之后，他开始慢慢恢复。接下来，他开始阅读生理学和生理心理学的书籍，不断自我调整，尽管在这期间也会间或出现情绪问题，但终于在两年后渐渐好转。这时，威廉已经30岁了。为了取得经济上的独立，他在英国生活时的邻居——哈佛大学的校长查尔斯·埃利奥，邀请他去哈佛教授生理学。于是，他欣然前往，并一直在哈佛工作了35年。

在哈佛的前三年，威廉在教授课程的同时，继续着自己杂乱无章的阅读。由于研究神经生理以及与心理学有关的其他生理学问题，他开始逐渐转向心理学的研究，并形成了自己玄妙的心理学概念。1875年，威廉在美国开设了第一门心理学课——生理学和心理学的关系。也是在这一年，他建立了第一个供讲课演示用的心理实验室，两年后成立了一个比较正式的心理实验室。

在开始心理学研究和讲授工作的同时，威廉开始写大量的文章和书评，以此传达他的心理学观念和思想主张。1890年，他耗费12年时间完成的《心理学原理》(*The Principles of Psychology*)一书出版，书中讲解了感觉、知觉、大脑功能、习惯、意识、自我、注意、记忆、思维、情绪等相关的心理学问题，大致确定了此后百余年来心理学研究的范畴。该书不仅被视为心理学的经典著作，而且成为公认的美国机能主义学派兴起的里程碑。威廉·詹姆斯也由此建构了科学心理学的完整体系。

"心理学有个悠久的历史，但却只有个短暂的现在"这句话，相当形象地道出了威廉·詹姆斯的心理学开拓者之路。在人类心理学的发展史中，这位杰出的心理学家留下了许多宝贵的财富。无论是他提出的机能主义心理学思想，还是他所编著的《心理学原理》，均引导着后来的心理学研究者不断向前。

鸟笼效应

第二节 冲出鸟笼，方能实现自我成长

冲破惯性思维的墙

鸟笼效应反映的是惯性思维对个体的影响。它让个体的思想局限于当下的认知范围，进而形成盲点，不能产生创新思维，更无法突破自我，久而久之，个体就会因为长时间驻足不前而丧失竞争性，失去进取心。在相当多的时候，个体必须突破这种惯性思维，方能解决问题，实现自我成长。

1984年5月，以销售电脑成品组装机为主营业务的戴尔（Dell）公司，在其创始人迈克尔·戴尔注册"PC有限公司"后，经过四个月的发展，正式成立。由于迎合了市场需求，公司发展迅速。四年后，公司在纳斯达克上市，市场价值达到8500万美元。接着，公司在海外创办子公司，进行全球范围内的销售。进入20世纪90年代，戴尔的发展如同脱缰的野马，收入平均年增97%，净利润率更是达到166%。就这样，这个名不见经传的小公司不断发展壮大，最终成为PC界举足轻重的新盟主，其实力足以与康柏、IBM这些电脑界元老们抗衡。

1992年，戴尔进入《财富》杂志500强之列。1995年，其在《财富》杂志上的排名不断提升，2011年上升至第6位。2018年12月，戴尔公司位列2018世界品牌500强。这个创立于1984年的企业，是如何不断成长、发展到今天的呢？

有研究者对戴尔的成长进行了追踪，其研究表明，戴尔之所以能保持蓬勃的生机、超强的战斗力，于越来越激烈的市场竞争中稳步向前，除了靠其研发能力外，最重要的就是其创新的经营模式。戴尔公司的经营理念——激发人类潜能，也清晰地表明了这一点。

戴尔公司采用的是低价直销的经营策略，这也是其创始人迈克尔·戴尔成功的起点。实际上，直销的方式早已有之，很多大企业都曾采取直销的做法来吸引顾客，但其发展并没有戴尔这般迅速。实际上，在公司成立时，迈克尔·戴尔已经具备了成熟的直销思维。因此，戴尔公司的直销模式，是从小事做起，突破传统直销的"鸟笼"，打破思维的"墙"，进行创新和发展，有条不紊地建立了市场基础。

当初，在创业过程中，迈克尔·戴尔深入研究了传统直销方式的特点：制造商、经销商和代理商一层一层地分销。这种分销方式，一方面使得一些计算机批发商接手的PC机因为价格昂贵，导致无法及时出售；另一方面，有能力购买的用户又无法得到他们期望配置的计算机。可以说，这样的销售模式使得电脑净利润的三分之二流入了中间商和代理商的口袋，而批发商、生产商与顾客并不能直接受益，支付了更多的成本。

经过分析和考察，迈克尔·戴尔想到了另一种直销模式——产品由生产商或批发商手中直接到达顾客手里。这样的做法，减少了中间商的分成，降低了产品价格，可以让更多消费者买得起电脑。就这样，戴尔公司在电脑业开创了一种新的销售模式——一对一直销，以组装和销售计算机为目标，采用拼积木式的模块化生产方式，按客户需求，为其提供量体裁衣的服务。戴尔公司考虑到电脑不同于其他产品，售后服务相当重要，于是建立了一套销售流程，并制定了高效的管理模式。

首先，公司实行按单生产。销售人员通过网络或者电话，收到客户的订单，然后按客户需求为其组装后送货上门。为了直接服务于客户，戴尔公司开通了免费直拨电话，还提供了一系列的技术咨询和上门服务。这虽然让戴尔公司的客服每天忙个不停，但在为其带来稳定且丰厚收益的同时，降低了库存，也极大地提高了电脑零部件的周转率。当时，戴尔公司的库存仅为其他依赖传统渠道销售电脑竞争对手的六分之一到八分之一。

其次，公司实行一对一服务。销售人员和顾客一对一直接联系，可以对顾客的需求了解得更为客观，使产品研发和生产更加符合顾客的需求，同时获得了了解客户一手的产品反馈和建议的便捷途径，又为后期研发提供了相应的需求资料和数据，形成良性循环，稳稳地把控着市场的消费趋势。

再次，戴尔公司建立了完善高效的供应链管理。虽然直销模式给用户带来了便利与实惠，但也给公司带来了人力资源成本和生产制造效率的压力。这是因为这种一对一的营销，需要销售部门与制造部门之间的对接，使得顾客的个性化需求与高效率的供应链管理体系相结合，同时还要加快物流中转速度。为此，戴尔公司重构供应链生产流程，减少产品周转的周期和时间，由此大大降低了生产成本。

最后，戴尔公司依据获得的用户反馈信息，在内部建立了一套完整的直销网络系统。戴尔公司整合消费者的需求和反馈信息，使得产品研发标准化，从而实现了规模生产，让最新的研发成果得以以最快的速度反映到产品上，提升了产品的质量，符合了产品发展的速度，也迎合了顾客的需求。

戴尔开创的直销订购模式相当疯狂，不但令公司在短时间内与众多大型跨国公司、政府部门、教育机构、中小型企业及个人消费者建立了直接的联系，还在成立的短短十多年时间里迅速成长为巨人企业，每年都维持着30%～40%的高增长率，而当时IT界的平均增长率只有16%左右，戴尔公司将IBM、惠普等同行业

鸟笼效应

巨头甩在身后，甚至连当时发展如日中天的微软也无法与之匹敌。

互联网技术的发展，为戴尔的直销模式提供了更加便利的条件。戴尔公司在发展的过程中，并没有固守当前的直销方式，而是一方面在不断改进和提升销售方式，另一方面也在不断寻求其他销售渠道。1994年，戴尔公司推出了网站，并在1996年加入了电子商务功能，推动其经营模式向互联网的方向发展。此后，戴尔公司迅速扩展了全球运营，开始进军在线销售，并为全球电子商务制定了基准。2000～2004年，戴尔公司的业务扩展到PC以外的领域，推出外围设备和适用于数据中心的产品。经过长期的艰苦努力，戴尔公司保持了增长性、利润率、资本流动性的平衡，始终位居世界500强前100名。

回顾戴尔公司的发展历史，其成功的根本原因就在于它打破了"鸟笼"，冲破了惯性思维的"墙"，独辟蹊径，把直销模式引入电脑销售行业，并且随着市场的变化适时调整。而这正是创新思维的体现。

慢半拍带来的连锁反应

鸟笼效应的最可怕之处在于，即使个体对事物的联系有着极其清醒的认知，但倘若身边大多数人都持相同逻辑，个体就会基于可能成为另类的心理压力而不由自主地产生从众心理，心甘情愿地进入笼中。而要冲出鸟笼，就需要减少不必要的顾虑，做独立的自己，否则必将成为惯性思维的牺牲品，被困于笼中，导致损失或灭亡。日本东芝（Toshiba）公司就为此付出了惨痛的代价。

东芝公司创立于1875年，其业务领域包括数码产品、电子元器件、社会基础设备、家电等。其旗下的东芝家用电器控股株式会社，主要经营电冰箱、洗衣机、小型家用电器和一次性电池等家用产品。东芝家电凭借其有口皆碑的质量，赢得了相当多消费者的喜爱。然而，这个在消费者心目中极具代表性的家电企业，如今前景越来越黯淡，甚至走到了崩溃的边缘。

东芝家电有着140多年的历史，是日本老牌家电企业，它曾生产出了日本第一个电灯泡、第一台洗衣机、第一台冰箱，为东芝公司带来无尽的荣光和利润，但是现在，它却成了东芝公司最大的拖累。从2012年开始，东芝家电基本不曾获利，后来甚至出现了极其频繁的巨额亏损，因此已经成为东芝发展的累赘。甚至在2015年，东芝公司预计出现5500亿日元（约合人民币283.712亿元）的创纪录净亏损。

事实上，尽管日本家电行业近几年前景不佳，日立公司也曾出现7873亿日元的巨大亏损，但日立公司并没有困守于当下的处境，而是当机立断，压缩产能，果断剥离亏损的家电部门。相反，东芝公司却对电视机、洗衣机、个人电脑这些传统家电业务千般不舍、万般不弃，最终"失去了摆脱20世纪业务结构转型的大好机会"。

为了求得生存，东芝公司不得不壮士断腕，进行了"解体式重建"，将业绩不佳的东芝家电裁掉。然而，这慢了半拍的举动，还是给东芝公司造成了巨大的损失，每多生产出一件家电，东芝就多增加一点儿亏损。如今，迫于生存压力，东芝公司不得不变卖家产——将在印尼的电视机和洗衣机生产企业转卖给中国的创维公司，将个人电脑部门与富士通合并，将白色家电甩卖给夏普，转而以半导体和核电作为核心业务。即便如此，东芝公司的前景依然不容乐观。

综合分析导致东芝公司现状的原因，最主要的问题还是缺乏危机意识，没有持续创新，而困守于往日家电大企业荣耀的"鸟笼"，一厢情愿地认为"笼子"牢不可破，无忧风雨。岂不知，时代在变化，科技在发展，不变革、不创新的结局，唯有灭亡。

东芝公司的故事提醒我们，不管是个体还是群体，面对必要的情况、紧迫的形势时，不能瞻前顾后，更不要心存侥幸，认为自己和其他个体一样可以完成突破。事实上，这样只能让自己困于"笼"中。聪明的个体总能审时度势、居安思危，在合适的情况下，及时寻找机会，突破"鸟笼"，让自己获得重生。

一个探险家的执念

如同其他心理效应一样，鸟笼效应同样存在双面性。要想使之发挥正向的作用，关键在于个体要利用对它有利的一面。个体要学会巧妙地利用鸟笼效应的心理暗示，使之服务于自己，帮助自己打破自我设限，勇于舍弃，成就期望的人生。英国探险家欧内斯特·沙克尔顿（Ernest Shackleton）就是这样一个勇于突破自我的人。

沙克尔顿出生于爱尔兰的基尔代尔郡。11岁时，他随父母到了英国，在英国长大。少年的沙克尔顿有着一颗不甘平凡的心，对世界充满了好奇，总想去探寻。15岁时，他宣布自己要去海上生活，开明的父母支持他的想法，并帮助他谋得了一个船舱服务员的职位。就这样，从1890年开始，沙克尔顿首次突破鸟笼效应的影响，开始了海上生活。四年后，他获得了船长执照，这也为他后来成为探险家提供了先决条件。

1899年，沙克尔顿加入皇家地理学会。次年，地理学会和另外一个科学团体皇家学会为了对南极进行探索，出资组建了一个国家南极探险队。沙克尔顿申请加入，并因其经历和条件而成功被录取。

当时，报名的人多达5000人，但相当多的人在了解到薪酬微薄，需在极度苦寒、危机四伏且数月不见天日的环境中工作，甚至不能保证安全返航等情况下，纷纷选择了放弃，而沙克尔顿却欣然应聘。因为在他看来，虽然"极度苦寒""危机四伏"和"不能保证安全返航"这些情况的确令人心惊胆战，也的确令人望而却步，但倘若不去接受这样的考验，他就无法突破自己。从此，沙克尔顿开始了他的探险生活。

1901年7月23日，由罗伯特·斯科特领导，"发现号"南极探险船载着38人组成的探险队出发了。沙克尔顿在本次航程中担任协助科学家进行科学实验的任务。一路上，他不断发明各种新东西供大家消遣，以鼓舞士气。第二年，"发现号"到达麦克默多海峡，随后，沙克尔顿和罗伯特·斯科特、医生爱德华·A.威尔逊出发前往2575公里之外的南极点考查。然而却因初次科考经验不足，尽管三人有着惊人的毅力，最后却均患上了疾病，除了受维生素C缺乏症的共同影响，威尔逊医生还得了雪盲症，沙克尔顿的病情则较为严重。无奈之下，他们不得不在距离南极740公里的地方折返。随后，沙克尔顿因病被强行遣送回家。这让沙克尔顿倍感遗憾。但沙克尔顿没有因为挫折而选择居于舒适的"鸟笼"中，他坚定了再次探险的决心，并在六年后再次出发。

1909年，经过充分准备的沙克尔顿组织并领导了英国南极探险队，率队乘坐探险船"猎人号"到达南极沿岸。他们在那里建起了营地，营造了一个温暖的家。随后，沙克尔顿和他的3个伙伴向南极进发。然而，由于沙克尔顿选择用一种小马来运输物品，结果在行程中，4匹小马掉进了一个冰窟窿，还险些将沙克尔顿的一个伙伴拽进去。这一意外事件迫使沙克尔顿此次南极探险的计划再次破产。一个月后，筋疲力尽的他们不得不在距南极只有156公里的南纬88度23分之处折返，将英国皇后赠的国旗插在了那里。随后，他们克服了食物缺乏和严重的痢疾等问题，成功回到了船上。而这期间，沙克尔顿不顾身体虚弱，坚持救助同伴的举动，不但证明了他的高尚人格，也让他赢得了同伴的尊重。

尽管此次探险没能到达南极，但由于这次行程比当时的任何一支探险队都更接近南极，因此沙克尔顿享誉全世界，被英国人称为英雄，还获得了爵士称号。

荣光加身之后，沙克尔顿本可以凭着这份荣耀，过上安逸的生活，但他并不这么想，而仍旧想突破自我。

从1910年到1913年夏天，沙克尔顿率领着28人组成的船队，乘"持久号"探险船从伦敦出发，开始了第三次探险，目标是徒步横穿南极大陆。这次探险因探险船在行进过程中被浮冰包围，寸步难行，最终沉入海底。沙克尔顿为了挽救船员，不得不弃船离开，最后乘坐救生船登陆荒无人烟的大象岛，最后历经艰难和波折，在捕鲸船的帮助下，率全部同伴安全返回英国。这次航行虽然失败了，却因其英勇和顽强成为探险史上一个了不起的、值得百年颂扬的"纪录"，被永载史册。

三次探险的失败，并没能打消沙克尔顿的斗志，他仍旧不断地突破自我。他的探险因第一次世界大战而被迫中止，不过当战争结束后，沙克尔顿又重燃斗志。1921年9月18日，他率船队乘"探索号"开始了第四次极地探险，目标是环游南极洲，并绘制其海岸线图。最后，探险队于1922年1月4日到达南乔治亚岛。非常遗憾的是，次日凌晨，沙克尔顿因心脏病发作去世。

这位伟大的探险家尽管没能亲眼看到最终的成果，但他的一生，坚持"生命不算，奋斗不止"的信念，不断突破自我设限的"鸟笼"，并成为人类历史上英勇和顽强斗志的典范，永远成为这个世界上最宝贵、最优秀、最有价值的人之一。

Part 02 第二章

卡瑞尔和卡瑞尔公式
自我纠结的心理陷阱

行走在人生路上，每个人都时刻想要找寻属于自己的幸福。然而，充满着诸多矛盾和险阻的现实生活，总会给人迎头一击。于是，有的人在感叹人性复杂、世事难料的同时，心生畏怯；有的人则接受现实的残酷，做最坏的打算，从根源上排除忧虑，然后尽最大的努力，在变得越来越成熟的同时，磨炼意志，收获成功。这正是卡瑞尔万能公式要告诉我们的。

第一节　要想走出困境，先得直面困境

消除烦恼的万灵方案

戴尔·卡耐基在一次演讲中说："你是否想得到一个快速而有效的消除忧虑的灵丹妙法——那种在你不必再往下看之前，就能马上应用的方法？"他在此所说的"灵丹妙法"就是卡瑞尔万能公式，也称为卡瑞尔公式。这一公式是如何被发现的？它之所以被称为"灵丹妙法"，是因为什么呢？

多年前，艾尔·亨利是英国心理医师罗宾·汉斯的朋友。因常年抑郁，亨利患上了严重的胃溃疡，以致严重影响进食。发展到严重的程度时，为了维持生存，他不得不每天吃苏打粉，每小时吃一大匙半流质的食物，但早晚必须由护士将一条橡皮管插进他的胃里，再帮助他将吃到胃里的东西清洗出来。

这样的情形持续了好几个月，亨利过着生不如死的生活。当医生告诉倍受折磨的亨利他的病已经没救了时，绝望的亨利请求好友汉斯的援助。汉斯听了亨利的倾诉，对他说："医生说你的

病已经没救了，那么现在，你所面对的最糟糕的结果不过就是死亡。与其在痛苦中等待死亡降临，不如做自己想做的事。你不是一直想在临死之前环游世界吗，那么干脆趁现在去实现这个愿望吧！"

亨利采纳了汉斯的建议，决定开始最后一场旅行。他先是为自己买了一口棺材，将其运上船；然后与轮船公司协商好，一旦自己去世，轮船公司会将尸体放于冷冻舱里，运回英国安葬。之后，亨利开始了自己的环球旅行。旅行中，他感觉自己的状态从没这么好过。他甚至放弃了吃药，也不再洗胃。几个星期后，他甚至重拾起钟爱的黑雪茄、威士忌。

就这样，在整个旅行过程中，亨利纵情享受着身心愉悦的日子，每天在美食、美酒的相伴下，感受着久违的幸福生活。令他没想到的是，旅行结束时，死神并没如预期一样到来，相反，身体却感觉越来越好。经检查，困扰着他的严重胃溃疡竟然奇迹般地不药而愈了。

后来，有人总结汉斯给亨利的这一药方的精髓，发现其中包含着以下内容。

第一步：找到最坏的情况——死亡。

第二步：接受现实——胃溃疡严重到了无法治愈的程度，自己的心情处于极度低迷的状态，甚至生不如死。

第三步：改善现实——与其静等死亡到来，不如在死前进行环球旅行。结果，在旅行过程中，因为心情愉悦，亨利的胃溃疡症状好转，不治而愈。

经历了罗宾·汉斯生活的年代，时针指向了新的时代。纽约钢铁公司的一名工程师威利·卡瑞尔面对着和亨利相同的困境。

一次，卡瑞尔受命到密苏里州安装一架瓦斯清洁机。经过一番努力，安装调试后的机器勉强可以使用了，然而，其工作效果远远没有达到公司规定的质量标准。对于做事追求尽善尽美的卡瑞尔来说，这是无法接受的。他相当懊恼，产生了严重的焦虑情绪，甚至因此无法入睡。后来，他意识到一味沉迷于烦恼之中，对于解决问题没有任何益处。于是，他让自己换一个角度思考问题，尝试用不烦恼的方式解决问题。

第一步：排除自己恐惧焦虑的情绪，理性分析整个情况，找出事情发生最坏的情况。最糟糕的情况，不过是问题没有解决，自己丢掉了差事，或者老板将整个机器拆掉，造成20000美元的投资泡汤。

第二步：在精神上让自己能够接受这个最坏情况。卡瑞尔对自己说，或许自己会因此丢掉差事，但没关系，再另找一份就好了；至于老板，倘若他清楚这是一种新方法的试验，那就会将这20000美元的损失看作研究投资。这样一来，大家都会轻松些。

鸟笼效应

第三步：有了能够接受最坏情况的思想准备后，就可以心境平和地投入时间和精力解决问题，进而改善自己已经承受最坏情况的心理状态。于是他心态平和地进行了几次试验，终于发现，如果再多花5000美元，加装一些设备，问题就可以解决了。结果公司不但没有损失20000美元，反而因为这一新发现，提升了销量，达成了销售目标。

由此，人们将卡瑞尔的这种处理问题的心理状态，称为卡瑞尔公式。这是一个在面对困境时，让自己保持冷静，以最佳心态应对最糟糕处境的心理策略。

不敢直面现实的存肢效应

卡瑞尔公式为我们指明了应对最坏情况，让自己保持冷静的策略。这一策略概括起来就是：预测结局——接受现实——解决问题。实际上，它是我们面对任何困难都应该有的态度和方法。后来，人们由这一解决问题过程中的心理状态，发现了心理学上的"存肢效应"。

所谓存肢效应，是指一个健康的人在被截去某部分肢体后，在相当长的时间里，对那部分已经不存在的肢体仍在心理上保持着存在感和支配欲，不愿意接受已经失去这部分肢体的事实。这种心理实际上是一种依恋心理，在现实生活中可谓比比皆是。比如一些退休的老人，开始的时候仍会和原来一样按时起床，安排自己的作息，对工作无限留恋；某些离婚的一方，会在离婚后不由自主地重复着与对方生活在一起时的行为……

为什么会出现这样的心理呢？就本质而言，这其实是一种不愿意承认失去，或面对失去时的留恋心理。个体习惯于获得，而不习惯于失去。于是我们理所当然地将得到看作是应该的、正常的，将失去看作是意外的、不正常的。因此，一旦面对失去，就会不可避免地产生委屈心理。这种心理几乎存在于每一个个体的身上，只是表现的程度不同而已。这种心理使得个体在内心深处认为，失去的东西才是宝贵的，才是独一无二、不可替代的，进而对失去的东西产生强烈的依恋感，于是在内心深处会因失去的事物而产生失落感。

当个体不愿意面对失去时，就会变得软弱，不敢直面现实，一味地沉浸于虚幻的世界里，让自己承受着忧虑带来的巨大压力，从而失去了重获幸福，以及追求美好生活的勇气，最终在碌碌无为中虚度光阴。

要战胜这种心理，就需要个体勇于直面自己的存肢效应，坦然面对失去，果断放弃抱残守缺的心理，不再执着于过去，如此才能走向新的人生。

鸟笼效应

第二节 接受最坏的，追求最好的

天才医生让生命绽放光芒

日本作家村上春树说："在大悲与大喜之间，在欢笑与流泪之后，我体味到前所未有的痛苦和幸福。生活以从未有过的幸福和美丽诱惑着我深入其中。"这句话道出了让躁动的心平静下来，会是多么幸福的一件事。而成功者用事实告诉世人，接受生活中的诸多不易，面对问题，抛开幻想，接受现实，以平静的心对待周遭的一切，方能当断则断，从容地解决问题。

"这是癌症，而患者是我自己。"这是一位医生在其生命的最后阶段写就的书籍中的一句话。而这句话震撼了40多个国家的读者。他就是2016年度全球最受瞩目的天才医生保罗·卡拉尼什（Paul Kalanithi）。

保罗是美国耶鲁大学的医学博士，被誉为"斯坦福大学天才医生"，是"美国神经外科医生协会最高奖"的获得者。年仅37岁，他就登上了人生的巅峰，以优异的成绩获得美国耶鲁大学医学博士学位，即将获得斯坦福医学院外科教授的职位，并准备主持自己的研究室。然而就在此时，癌症却意外地将他带离了人世。不过，保罗的离开是安静的，是从容的，因为在离开人世之前，他完成了他的第一本，也是最后一本著作——《当呼吸化为空气》，以此震撼了全世界无数的读者，成为2016年度全球最受瞩目的作家之一。

在这本书中，人们看到了保罗以自身的努力，实践着卡瑞尔公式，践行着不屈的人生。

保罗才华横溢，不但是一位医学博士，而且取得了美国斯坦福大学英语文学学位及人体生物学双料学位，后于英国剑桥大学获得科学史与哲学研究硕士学位。妻子露西在书的后记里告诉我们，就算是在生命的最后一年，保罗仍旧笔耕不辍，经常写作到午夜时分，哪怕在肿瘤医生的候诊室里，也不忘写上几段，即便这一切是建立在忍受化疗造成的指尖龟裂带来的痛苦上。因为，他"一定要出版这本书"。

保罗出生于亚利桑那州。作为一名出色的医生的儿子，他最初并没有选择从医，而是出于对文学和哲学的兴趣，想成为一名作家。行走在文学和哲学之路上，他对生命的意义充满了好奇，然而努力探寻，却无从获得答案。为了寻找答案，他转而继承父亲的职业，成为一名医生。从此，作家梦就被埋藏在内心深处。

鸟笼效应

诚如保罗所说："选择医疗事业，部分原因是想追寻死神：抓住他，掀开他神秘的斗篷，与他坚定地四目相对……我以为，在生与死的空间中，我一定能找到一个舞台，不仅能凭怜悯和同情来采取行动，自身还能得到升华，尽可能远离所谓的物质追求，远离自我那些微不足道的小事，直达生命的核心，直面生死的抉择与挣扎……在那里，一定能找到某种超然卓越的存在吧？"从此，他开始了与死神的时间争夺战。

他和每一个负责任的医生一样，争分夺秒地抢救每一个生命。在这个过程中，他慢慢意识到自身的渺小，意识到死亡终会到来，无论医术如何高明。因为生死轮回乃是自然法则。不过，这样的认知让保罗更加珍惜生命，并坚持不懈地努力奋斗和追求，从而不断挑战自己，获得成功。

然而，就在不断挑战的过程中，死神终于向他伸出了魔掌。2013年，保罗被诊断出患有第四期肺癌。在给最好的朋友的电子邮件中，他是这样描述自己的病情的："好消息是，我已经比两位勃朗特姊妹（Brontës）、济慈（Keats）和斯蒂芬·克莱恩（Stephen Crane）活得都长了。坏消息是，我还没写出什么东西来呢。"

这充满戏谑的语句，表达了他对死神降临的淡定，以及对没能实现自己作家梦的不甘。也正是这种不甘，让保罗将余下的时光，用于成就他人、成就自己，演绎了生命的精彩，希望"如果生命只剩下最后的火焰，我也会用来照亮你眼前的路"。

保罗不甘心自己的一身医术随自己而去，想用自己的医术救助更多的人。于是他在身体恢复一些之后，逼迫自己回归手术室，他说："道德义务是有重量的，有重量的东西就有引力，所以道德责任的引力又将我拉回手术室……我会把死神当作一个威风凛凛、不时造访的贵客，但我心里要清楚，即使我是个将死之人，我仍然活着，直到真正死去的那一刻。"最初，受到疾病困扰的他无法独立完成一台手术，但随着一天又一天过去，他获得了曾经的力量，当他站在手术台前，找到了重回巅峰的感觉，甚至在查出癌症的第九个月，他几乎天天做手术到深夜，因为他期望，"如果再坚持几个月，就可以结束这种工作状态，顺利从住院医生毕业，安心做个相比之下更轻松的教授"。

面对病魔，他更是表现出了对生命的无限热爱，以专业医生的沉稳，有条不紊地了解相关并发症及治疗方案，甚至考虑到妻子一旦失去丈夫，又无子女陪伴，生活将如何继续？为此和妻子去医院完成了试管胚胎的培育，并在病情一天天地恶化下去，承受着化疗副作用以及不时被抢救的折磨中，等待着孩子的降生。当女儿伊丽莎白·阿卡迪亚出生后，保罗更是用尽自己生命最后的一切，为心爱的妻子和女儿的未来生活而奋斗。

在最后几个月，保罗已经无法进行手术，承担不了医生的工作。于是他开始为了自己的梦想——成为一名作家行动起来。作为病人，开始自己的写作之路并不是一件容易的事。然而，一旦选定目标，保罗就开始了与死神的赛跑。考虑到自己作为患者和医生的双重身份，他在病痛的折磨下，决定写一部表达自己对生活、人性、生死、医疗深沉思索的书——《当呼吸化为空气》。在人生最后的几个月里，他用读书写作来对抗生命的无情。

在这本书里，他表达了对生命的价值和道德感的思考，对自己的人生天马行空的回顾，以及达观的心态。当这本书出版后，尽管保罗早已告别他所爱的一切，辞别人世，但它仍旧改变了无数人的人生，影响了世界，名列《纽约时报》非虚构类榜单榜首，感动了无数读者。其原因就在于在保罗的奋斗中，人们感受到了卡瑞尔公式的影响，重新思考人生的意义：生而为人最大的骄傲，并不在于一个人拥有什么，而是取决于一个人去做什么，活着的胜利才是人生潜能的最高点。

贫民窟里走出的世纪球星

"我的成长不是从零开始的，甚至是从负数开始的……"国际超级足球明星内马尔这样讲述他童年时贫困的成长经历。没人会想到，这个世界上最贵的足球运动员曾经过着与当下的奢华生活截然不同的生活。

1992年2月5日，巴西圣保罗州的一个贫民窟中传来一声响亮的婴儿哭声，这个婴儿就是未来响彻天地的新一代球星内马尔。内马尔出生时，全家人生活在巴西圣保罗州，像那里的大多数人一样，他们也过着一贫如洗的生活。用内马尔的父亲老内马尔的话说："我们的生活不是从零开始，而是从零下五度开始。"因为无钱交电费，全家人不得不在微弱的烛光下生活；因为贫困，全家人不得不生活在贫民窟中最脏的地方，那里"简直就是一个垃圾场，是整个城市丢垃圾的地方"；因为贫困，全家人不得不共用一个床垫，父亲不得不同时做着工人、机械师和推销员三份工作以维持生计，甚至母亲在怀着内马尔的时候，都无钱支付产检费用。

然而，贫困的生活不能削减家人的爱与希望。内马尔出生4个月时，不幸遇到了车祸，父亲奋不顾身地用自己的身体保护了他，内马尔得以大难不死且肢体健全，而父亲却因此失去了一只手。贫困的生活不能阻止内马尔对足球的热爱。而家人，尤其是父亲矢志不渝的爱，不但让内马尔获得了成长和前进的力量，也影响着其成年后的职业生涯。

原本是一名足球运动员的老内马尔，发现了内马尔的足球天赋，于是他将改变家人命运的希望寄托在儿子身上。从此，他成为内马尔的足球启蒙老师，开始培养儿子，为内马尔成为足坛巨星打下了坚实的基础。就这样，在父亲的培养下，内马尔竟然成为街头足球当之无愧的头领。

6岁时，热衷于街头足球的内马尔的足球天赋被教练贝蒂尼奥发现，因此，他得以成为贝蒂尼奥的徒弟，开始练习五人制足球。从此，内马尔从贫民窟的一只破足球开始了他的巨星之路。2003年，11岁的内马尔举家迁到桑托斯，随即被当地的豪门桑托斯俱乐部发现，进入该俱乐部青年队踢球，并在一次意外的机会中，获得皇家马德里青年队的试训。

在不断的训练中，内马尔表现出顽强的精神和过人的反应力，他能在很短时间内做出反应，拥有快节奏进行射门以及摆脱的优势。2009年，17岁的内马尔成为桑托斯俱乐部的正式签约队员，正式开始了自己的职业足球生涯。同年的3月7日，在桑托斯与欧斯特的比赛还剩13分钟时，内马尔作为替补出场，就是这13分钟，他淋漓尽致地展现出自己的天赋和才华。

此后，内马尔用自己的努力给东家以回报。2010年4月15日，在一场资格赛中，他打入4球，以最终打进11球的成绩获得巴西杯最佳射手荣誉。在州联赛中，内马尔攻入14球，帮助桑托斯俱乐部成为冠军，并荣膺最佳射手。2010年，内马尔总共出场60次，打入42球，使球队成为双冠王，还拿了多项个人荣誉。2011年12月31日，19岁的内马尔在州联赛中卫冕成功之后，拿下南美解放者杯的冠军，在总共13场比赛中打进6球，因此被评为2011年度南美足球先生。此后，内马尔一路开挂，身价倍增。而这一切，离不开他对足球的热爱以及勤奋。

2014年，在南非世界杯的赛场上，巴西与哥伦比亚的四分之一决赛第88分钟，内马尔因为第三节椎骨破裂性损伤，不得不暂时离开赛场。当被抬离赛场的时候，他哭得撕心裂肺，这哭声表达了他对足球运动的不舍。也正是这种不舍，让他于四年后，再次回到赛场，以队长的身份，带领着桑巴军团挺进四分之一决赛。在2018年的里约奥运会上，内马尔还率领巴西队在自家门口取得金牌。

内马尔，这个穷孩子的成功经历告诉我们，无论起点如何，只要心怀希望，不断努力，一定会迎来胜利的曙光。而这也是卡瑞尔公式要证明的道理。

杰克·韦尔奇帮助通用走出困境

作为一家一百多岁的老牌公司，通用电气是在美国著名工业家、发明大王爱迪生创立的爱迪生通用电力公司的基础上发展起来的。它是美国崛起的助推器。这个知名的电气公司之所以能走到现在，源于其内在不竭的动力，以及壮士断腕的斗志。

在1893年的金融危机中，500多家美国银行相继倒闭，许多人毕生的积蓄一夜之间付诸东流。面对这次危机，在和特斯拉加盟的西屋电气公司的电力标准大战中，爱迪生通用电力公司最终遭遇重挫，财政状况陷入困境。为了自救，爱迪生通用电力公司不得不卖给JP摩根。JP摩根并购了爱迪生通用电力公司以及另外两家公司，就此成立了通用电气公司。这是一家典型的摩根系企业。1947年，通用电气在摩根家族的经营下，从1939年的三十几家子公司增加到125家。到1976年年底，该公司已经在美国35个州拥有224家制造厂，在24个国家拥有113家制造厂，其经营范围涉及发电、交通、装备制造、医疗、家电、金融等行业，成为一个庞大的制造业帝国。

然而，随着规模的扩大，以及国际竞争的加剧，通用电气再次遭遇困境。当时，日本公司从低端市场切入，不断蚕食通用电气原本占有优势的收音机、照相机、电视机、钢铁、轮船等行业。同时，第二次工业革命后发展起来的各个产业已经发展成熟，导致除中国市场外，其他市场基本处于饱和状态，丧失了快速增长的空间。在1929～1933年的经济大萧条时期，通用电气在反垄断法案《鲁宾逊-帕特曼法》以及严厉的金融监管法案

《格拉斯－斯蒂格尔法案》的影响下，受到了巨大的打击。先是与之并列的摩根系的另一大支柱——电话发明人贝尔所创立的美国电话电报公司被拆分衰落，接着是JP摩根多年来形成的金融和实业捆绑的利益共同体被拆分，以致二者的裂隙越来越大，最终金融部门为了寻求增长，开始戕害实业。

就在通用电气岌岌可危的时候，改变通用电气命运的人物——杰克·韦尔奇出现了。

杰克·韦尔奇有着平凡的外貌，有人评价说，"他看起来更像是一位汽车司机"。然而，没有人想到，就是这样一个看上去如此平凡的人，能成就世界上最有实力、最具竞争力和最有价值的一家公司。

1935年11月19日，杰克·韦尔奇出生于美国马萨诸塞州萨兰姆市的一个普通家庭，父亲在波士顿－缅因铁路公司工作，母亲则是一名普通的家庭主妇。作为家中的独子，杰克·韦尔奇不但身材矮小，而且还有口吃的毛病。不过，这个毛病并没有阻碍他的发展。在极具权威性的母亲的教育下，他不断坚持训练，养成独立的个性，也培养了能力和意志力。中学时曲棍球队的队长经历，让他对领导艺术有了初步的了解。1957年，杰克·韦尔奇在获得马萨诸塞州大学化学工程学士后，坚持攻读研究生课程，并于1960年获得伊利诺斯大学化学工程博士学位。也就在

鸟笼效应

这一年的10月17日，25岁的杰克·韦尔奇加入了通用电气塑胶事业部，成为马萨诸塞州皮茨菲尔德的一位初级工程师，正式开始了在通用电气公司的职业生涯。

在通用电气工作时，他完成了制造PPO（一种用于化工的新材料）的示范工厂的创建，并为此获得很高的年度评价。后来当他痛感通用电气内部的官僚主义体制而打算辞职时，被其年轻的上司鲁本古托夫挽留下来。在获得不受公司官僚作风阻碍的特权下，杰克·韦尔奇成为PPO工艺开发项目的领导人，并主持建立了一座诺瑞尔加工厂，成为该厂的负责人。就这样，杰克·韦尔奇一步步走上了领导岗位。

42岁时，杰克·韦尔奇成为通用电气公司历史上最年轻的董事长和首席执行官。甫一上任，他就开始对通用电气进行全面改革。在近10年的时间里，他壮士断腕，换来了通用电气的生机重现。

当时，杰克·韦尔奇采取的第一个措施就是用通用电气的电视机业务换取汤姆逊的医疗事业部。这是放弃一个巨大市场的举措，引起了轩然大波。而杰克·韦尔奇之所以这么做，是因为他发现电视机业务已经成为公司的累赘，而医疗业务却具有极大的增长空间，于是干脆壮士断腕。最终，通用公司新开辟的医疗业务成为全球的行业霸主。

第二章·卡瑞尔和卡瑞尔公式

继放弃电视机业务后,杰克·韦尔奇和负责在纽约克罗顿维尔主持通用电气管理人才培训中心的吉姆·鲍曼在参观了位于肯塔基州路易维尔的通用电气家电园区后,他意识到了大型家电部门产品质量下滑与生产力低下的问题。通过细致地调研以及与一线工作人员开会,他了解到管理不力是造成问题的主要原因。随后,杰克·韦尔奇在观察中发现,通用电气的主管们萧规曹随,善于守成,但拙于开创。当外部环境开始剧烈变动时,通用电气的诸多程序和制度就显得不合时宜,窘态毕露,公司经理们惯有的自信也逐渐丧失。若是再放任发展下去,不进行调整和改革,可能不出十年,这个表面上看起来健全蓬勃的企业就会沦为破产的命运。于是,他对公司的机构进行了大刀阔斧的机构和文化改革。

首先,他将目标对准管理体制,将公司原有的八个管理层次缩减为三四个管理层;其次是精简机构,有关数据显示,在短短几年时间里,杰克·韦尔奇砍掉了通用电气近四分之一的部门,将三百多个经营单位裁减合并成十三个主要部门,并且卖掉了近百亿美元的资产。此举让杰克·韦尔奇获得了"世纪经理人"和"中子杰克"两个称号,当然也让通用电气在激烈的全球竞争市场中获得了领先对手的先机,并立于不败之地。

事实证明,经过这一战略性的改革,通用电气的销售额上升为250亿美元，盈利15亿美元，市值在全美上市公司中排名第十。到1999年，通用电气实现了1110亿美元的销售收入（世界第五）和107亿美元的盈利（全球第一），市值位居世界第二。

如今，一代商业传奇人物杰克·韦尔奇已经与世长辞，但他在执掌通用电气长达20年的时间里，用自己勇于破旧立新、壮士断腕的魄力，成就了通用电气，也成就了自己，更证明了卡瑞尔公式的原理：接受问题，才能改变问题。

Part 03 第三章

马斯洛和约拿情结

自我逃避的心理陷阱

你是否有过考试或面试前即便做了充分的准备，最后却功亏一篑？你是否有过深爱着一个人，却因怯于向对方表白，而错失所爱？你是否有着明显的升迁机会，却由于他人的一句质疑而质疑自己，无奈地眼看着不如自己的人升迁，内心被嫉妒之虫啃啮？……这种"既渴望成功又害怕成功"的纠结心态，就是心理学上的约拿情结（Jonah complex）。

第一节　马斯洛与"上帝的鸽子"

约拿情结是逃避的代名词

约拿情结代表的是一种在机遇面前自我逃避、退后畏缩的心理。作为一种情绪状态，它导致个体不敢去做自己有能力做得很好的事，甚至逃避发掘自己的潜力。于是个体在日常生活中表现出一种伪愚的状态，即对自己，表现为逃避成长，缺乏上进心，拒绝承担伟大的使命；对他人，表现为嫉妒别人的优秀和成功，对他人的不幸幸灾乐祸。

约拿，意为"鸽子"，其性情驯良，承担着传递信息的任务。它来源于圣经《旧约》中著名的传教者约拿的故事。传说，约拿生活在公元前790年至公元前749年的以色列，是亚米太的儿子，也是一名虔诚的基督教徒。他一直渴望能够得到上帝的差遣，成为一名传教者。后来，上帝终于决定将一项光荣的任务交给他：以神的旨意去向一座罪行累累的城市——亚述国的首都尼尼微城，发出天谴的警示。

鸟笼效应

亚述国与以色列相距较远，位于底格里斯河流域，就是现在的伊拉克境内，盛极一时。在国王耶罗波安二世时，经过多年的扩张，亚述已经成为一个庞大的帝国，其首都尼尼微城是一座繁华热闹的大城市。但这个国家的政治非常腐败，约拿对其极度厌恶，认为该城没有一个好人，不愿意去传道，于是想尽办法逃跑。上帝寻找他、唤醒他、惩戒他，甚至让他乘坐的西逃的船经历风暴海啸，以致被扔进了波涛汹涌的大海中，被一条大鱼吞下。当然了，这条鱼是上帝特意为约拿准备的。大鱼虽然将约拿整个儿吞进肚子里，但约拿并不曾受伤，不过却使他意识到了自己的错误。他在大鱼肚子里待了三天后，被吐在岸边。最后，经过反复的犹疑，约拿终于决定去完成他的使命，也由此正式成为一名信使和先知，其名字也因此成为基督教中传教者、信使的代称。

通过这个故事我们可以看到，约拿内心对于成功一直充满了渴望，但当崇高的使命和很高的荣誉——成为一名先知和信使，来到其面前时，他却产生了畏惧心理，胆怯于面对的任务，不能很好地处理自己内在心理和外在环境之间的冲突，回避即将到来的成功，推却突然降临的使命和荣誉，以退避和逃跑的方式应对一切。最后，他在经历了一系列磨难之后，内在力量不断壮大，才终于勇敢地面对现实，并获得了最终的成功。

约拿逃避、怯难和畏惧的诸多心理行为，让其名字成为那些渴望成长却又因为某些内在阻碍而害怕成长的人的代称。这种在成功面前表现出的一系列心理状态，就是"约拿情结"。

约拿情结产生的根本原因是什么呢？心理学家认为，这种渴望成长却又因为某些内在阻碍而害怕成长的畏惧心理的产生，并非独特的现象，而是一种相当普遍的心理。这一具有一定合理性的心理状态，于个体而言，它阻碍了自我实现，影响了个体成长，是一种心理障碍。

美国著名心理学家亚伯拉罕·哈罗德·马斯洛（Abraham Harold Maslow）在深入研究中发现，人类普遍存在这样一种心态：面对自己的成长，持逃避成长、执迷不悟、拒绝承担伟大使命的态度。面对他人，一旦对方比自己优秀，就心怀嫉妒；一旦他人受到祝福，就内心不平；一旦他人倒霉，就幸灾乐祸。

这种心理导致个体畏惧做自己有能力做得很好的事，甚至不愿意发掘自己的潜力，于是在平时的工作和生活中表现出缺少上进心的状态。这一状态，即心理学中所说的"伪愚"。

人们欢迎和喜爱归属于自己同类群体的人，"高调"做事的人容易引发人们的反感甚至敌视。然而，实际上深存于个体本性中的那种对成功和自我实现的渴望，又让个体内心时时充满着冲动。这一冲动的情绪，促使个体渴望将自己优秀的一面表现出来，得到他人的认可，并为此不断努力奋斗。然而，长期的生活实践和接受的教育又让个体意识到，个性张扬、好自我表现是不受欢迎的，是易被所处环境排斥的，是不合群的，结果为了更好地融入环境，获得他人的认可和群体归属感而不得不让自己成为变色龙，披上谦逊的外衣，隐藏起来自己真实的内心需求和内在情感，在保护自己不受他人嫉妒和敌视的同时，获得群体的认可和接受。殊不知，这样做只会让个体慢慢丧失自我，胆子越来越小，习惯于接受，没有进取心，做事畏首畏尾，最终没有建树。

1968年，继马斯洛之后，马蒂纳·霍纳（Matina Horner）正式提出了成功恐惧（Fear of Success）一说。成功恐惧可以说是约拿情结的进一步发展。它又称"逃避成功的动机"（motives to avoid success），是指个人对自己获得成功后出现的某种结果感到恐惧，即由于预见成功会产生让人恐惧的结果，于是在从事类似活动时倾向于放弃积极行动，回应以消极应付行为的活动。可以说，成功恐惧进一步说明了约拿情结束缚个体前进的原因。

无论是约拿情结，还是成功恐惧，都是阻碍个体成功的重要因素。不过，并非所有的人都是如此。每个个体的内在都存在着发挥潜能，获得自我实现，提高自我，实现自我的渴望。这种渴望或许会永远地深埋在一些人的心中，但在另一些人的内心却能生根发芽，并时时寻找机会，突破自我实现的心理障碍，充分发挥自己的潜能，乐于实践，勇于进取。这样的少数人往往会获得成功。

倘若细心观察身边的成功者，你就会发现，他们勇于顺应内在本性的要求，无惧外在环境的压力，面对充斥于自己周围的社会习俗绝不妥协，始终让自己处于质疑和进取的状态中，敢于表现自己的怀疑，而不是以温顺、服从、谦恭的态度换取他人的认可。他们总在寻求积极的解决问题的方式，积极发挥自身的潜能和才智，在坚持自己的追求和梦想的同时，有效解决自身成长与环境障碍之间的冲突，让自己的心理保持平衡，从而在快乐和健康的状态下成长，进而获得成功。

总之，约拿情结提示我们：在人生前进的道路上，最大的敌人就是我们自己。唯有打败我们的约拿情结，克服内心的成长障碍，才能战胜自卑，走出迷茫，获得自信；才能在面对杰出人物时发自内心地敬仰，激发内在的动力，以此激励自己走向成功。

第三代心理学的开创者——马斯洛

约拿情结的错综心理现象证明了人类心理的复杂和奇怪。如今我们得以了解其背后的心理成因，得益于马斯洛于1966年对这种阻碍生命成长和自我实现的"约拿情结"进行的深入研究。

和约拿一样，马斯洛也被誉为伟大的先知。这位高智商的美国籍犹太人，不但是社会心理学家、比较心理学家，而且是人本主义心理学（Humanistic Psychology）的主要创建者之一，更是第三代心理学的开创者。

1908年，马斯洛出生于美国纽约市布鲁克林区的一个犹太家庭。其父母是从苏联移民到美国的犹太人。他是这个多子女家庭中的长子，他父亲是一个长期酗酒的酒鬼，母亲则性格冷漠、残酷暴躁。

对马斯洛来说，童年的生活是痛苦的。他要面对父亲对子女的苛求，更要面对求而不得的母爱及其冷酷无情。直到成年后，他仍然难以忘记童年时，母亲当着他的面将一只小猫活活打死的情形。为此，他拒绝参加母亲的葬礼。除了面对家庭的孤独和痛苦，他同时承受着来自社会环境中的冷漠。

由于是一个住在非犹太人街区的犹太人，马斯洛不得不承受着他人对犹太人的偏见，甚至连朋友也没有，由此形成了他害羞、敏感且神经质的个性特点。为了免受伤害，他从5岁开始，就让自己沉浸于书籍中，在书籍中寻求安慰。由此他成为一个读书迷，经常到街区图书馆浏览图书。他曾这样说："我十分孤独不幸。我是在图书馆的书籍中长大的，几乎没有任何朋友。"上学后，由于天赋极高，马斯洛的学习成绩十分优秀，由此获得了老师和同学的认可，处境有所改变。低年级时，美国历史中的杰出人物——托马斯·杰斐逊和亚伯拉罕·林肯成为他心中的英雄，他的自我意识慢慢发展起来；青少年时期，他一度因鼻子太大而产生自卑心理，并试图通过锻炼获得强健的体魄来削弱这一外貌劣势的影响。

18岁时，马斯洛进入纽约市立学院专修法律。短短两周的学习，他发现自己选错了专业，他感觉自己的兴趣不在法律上。为此，他开始广泛阅读各种学科的书籍。结果在读了阿德勒的《自卑与超越》一书后，他不但获得了启示，改变了当时的自卑心态，还发现了自己的兴趣所在——心理学。三个学期后，他转学到康奈尔大学，师从冯特的学生——构造主义学派的创始人铁钦纳，开始了心理学的学习。然而，构造主义心理学的元素分析和铁钦纳的枯燥乏味的教学让他很反感，很快他又重返纽约市立学院学习。20岁时，马斯洛不顾父母的反对，与高中同学兼表妹贝莎（Bertha Goodman）结婚。婚后，马斯洛举家迁往威斯康星州的威斯康星大学麦迪逊分校继续学习。这一举动，可以说是他真正进入自己的学术研究领域的一个转折点。

在威斯康星大学，马斯洛师从当时的行为主义代表人物之一——赫尔研究动物学习行为。随着更多地阅读格式塔心理学和弗洛伊德心理学，马斯洛对行为主义的研究热情慢慢减退。伴随着第一个孩子的出生,在对婴儿的观察中,年轻的马斯洛越来越清楚地认识到,人的身上有无限的潜力,倘若可以适当地运用它们,人的生活就会变得如同幻想中的天堂一样美好。

1930年,马斯洛在威斯康星大学获得心理学学士学位,第二年又获得心理学硕士学位。随后,他进入哈洛(以研究罗猴和依恋行为知名)的研究项目中实习,成为哈洛的研究助手,继而成为哈洛的第一个博士生。在此期间,他还师从著名的格式塔心理学家魏特海默学习。在深入研究的过程中,他慢慢对猿猴产生了兴趣,并在对猿猴的支配权和性行为的研究中,闯入了一个几乎完全未知的领域,并确信自己找到了真正感兴趣的研究领域。在对不同种类的35个灵长目动物进行观察后,他发表了论文《支配驱力在类人猿灵长目动物社会行为中的决定作用》,证明了不仅是猿猴,在其他哺乳动物及鸟类的社会行为和组织中,支配驱力都是一个决定性的因素。这篇论文吸引了行为主义心理学家桑代克的注意,马斯洛因此获得了对方提供的来自哥伦比亚大学的一份博士后奖学金,以及到其所在的教育研究学院协助进行新的课题研究的机会。1935年,马斯洛到哥伦比亚大学做了桑代克学习心理研究工作的助理,从事行为主义心理学的研究。

1937年,马斯洛进入纽约市布鲁克林学院,担任心理学副教授。从此,他开始了自己感兴趣的人本主义心理学研究。1951

年，马斯洛受聘成为布兰代斯大学心理学系主任和心理学教授。三年后，他首次提出人本主义心理学的概念。然而直到1961年美国人本主义心理学会正式成立，人本主义心理学思想才获得一席之地，马斯洛本人则于1967年成为美国心理学会主席。

马斯洛的研究和发现

1966年，马斯洛在为研究生们上课的时候，向他们提出了这样的问题："你们班上谁希望写出美国最伟大的小说？""谁渴望成为一个圣人？""谁将成为伟大的领导者？"……他发现，面对这些问题，学生们或是咯咯地笑，或是红着脸、不安地扭动着。于是马斯洛又问："你们正在悄悄地计划写一本伟大的心理学著作吗？"学生们给出的反应是红着脸、结结巴巴地搪塞。马斯洛又进一步询问："你们难道不打算成为心理学家吗？"这回，这些心理学研究生中终于有人回答："当然想啦。"于是马斯洛说："你是想成为一位沉默寡言、谨小慎微的心理学家吗？那有什么好处？那并不是一条通向自我实现的理想途径。"

随后，马斯洛发现，学生身上存在的这种状态，在人类群体中是一种普遍的现象，于是他正式开始了对自我实现的研究。实际上，诚如他自己所说："自我实现研究的发端，即我对自我实现的调查不是作为研究工作设计的,也不是作为研究工作开始的。"

马斯洛最早开始自我实现的研究,源于其对所敬爱的两位老师的调查。这两位老师就是鲁思·本尼迪克特(Ruth Benedict)和麦克斯·韦特海默(Max Wertheimer)。对于这两位心理学上的引路人,马斯洛的情感远远超出了简单的崇拜。他想弄清楚这两个人为什么如此优秀、如此与众不同。

他针对这两位老师进行观察,思考与其相关的事情,并将自己的所思所想记录在日记中。在对这些笔记内容进行归纳分析时,马斯洛发现了他们身上的一些共同特征。由此他意识到,自己正在进行的研究是某个类型,而非两个个体。马斯洛据此发表了他的研究结果,接着从存在价值、超越性需要,以及超越性病态、引向自我实现的行为、去圣化(desacralizing)等不同角度深入研究。

马斯洛的研究范围相当广泛,从青年人到老年人,各个年龄段均包含在内,结果他发现,两位老师身上的共同特征,在其他人身上再次获得认证。同时,他在研究中发现,大多数人在接近自我实现时,在快要实现自己热诚的追求、所向往的目标时,会开启自我防卫心理,拒绝成长,拒绝突破自己,避免承担更大的责任。当出现这一心理因素时,这些人在内心中时刻进行着选择：是前进还是后退？是离开还是充分证明自己？

之后，他在心理动力学理论"人不仅害怕失败，也害怕成功"的基础上，提出了约拿综合征，即约拿情结：个体在机遇面前自我逃避、退后畏缩的心理，会产生一种消极的情绪状态，这一情绪会导致个体不敢去做自己能做得很好的事，甚至逃避发掘自己的潜力。

约拿情结表明，在实现自我的道路上，个体因心理素质不同而表现不同。而这种心理素质与个体接受的教育、成长的环境息息相关。相当多的人在孩童时期就埋下了约拿情结的种子，成年后，他们纵然面对自己渴望的梦想或唾手可得的目标，也会不由自主地选择躲避。这种个性影响了个体的成功。

人非一张白纸，每个人均有着自己独有的特质，均有着一个不同的自我，要实现自我，必须将独特的自我显露出来，勇于倾听自己的心声，克服内在的约拿情结。如何做呢？马斯洛给出了这样的建议——

首先，个体要卸下防卫心理，勇于迈出自我实现的第一步。个体要战胜防卫心理，就要在发现自己的防卫心理时，敢于敞开自己。为此，当面对或接近自己渴望的目标时，个体一旦发现自己不由自主地要逃避时，就要清醒地认识到自我防卫心理正在发生作用。此时就要鼓起勇气冲破这种心理的束缚，勇敢地将其抛弃。当然,此举等同于打破自己构建的安全堡垒,过程必定是痛苦的。但必须要认识到,这样的放弃是值得的。只有经历这样的过程,个体才能真正奔向自己渴望的目标,而不是将其深埋于内心。

其次,在实现自我的过程中,要学会透过现象看本质。关于这一点,马斯洛曾邀请他的学生做了一个简单的小实验。受邀学生分成两组,他向一组学生出示一瓶酒,并询问酒是否好喝;向另一组学生出示酒杯,也询问酒是否好喝。实验结果表明,看到酒的那一组学生的回答完全一样,而只看到酒杯的那一组学生的回答则各不相同。通过这一实验,马斯洛发现大多数人经常会被事物的表象迷惑,基于从众心理,选择与大多数人相同的答案,而不是将自己真正的感受表达出来。这其中的原因就在于他们害怕与其他人不同,缺乏承担责任的勇气,而这正是个体自我实现过程中重要的一步。所以,在自我实现的过程中,要勇于透过现象看本质,要勇敢地迈出第一步,即便是小小的一步。因为看似极小的一步,却是个体打破自我防御心理的一大步,更是个体向人生迈进的一大步。于是在不断地一步一步前行的过程中,个体克服了约拿情结的束缚,获得了成长和发展。

第二节　不要害怕失败，更别害怕成功

与恐惧同行的艾德·赫尔姆斯

就本质而言，每个个体都拥有获得成功的机会。然而，能在机会到来时抓住它的人却是少数。正是因为这些少数人敢于打破壁垒，认识并克服了自己的约拿情结，勇敢地承担起自身的责任，承受着自身的压力，最终才能抓住机会，获得成功。而这正是只有少数人能获得成功，多数人却平庸一世的重要原因。所以，个体要获得成功，首先就要战胜自己的内在对成长的恐惧。

艾德·赫尔姆斯（Ed Helms）是美国知名电视节目主持人，他不但以其主持的《每日秀》等节目为众人所知，更因出演的多部电影，尤其是《宿醉》中的斯图·普莱斯一角闻名。当许多人观赏着赫尔姆斯的节目，沉醉于他扮演的角色中时，人们不知道的是，这个侃侃而谈、言语诙谐的影视名人之所以能够拥抱成功，正是因为战胜了约拿情结。

1974年，赫尔姆斯出生于美国佐治亚州的亚特兰大。8岁那

年,赫尔姆斯第一次观看喜剧节目《星期六之夜》时就被深深吸引了。用他自己的话说,就是"看傻了"。尽管他根本不理解其中的笑话,但还是迷上了里面热闹的场景,而且很想成为节目中的一个角色,由此产生了成为一名喜剧演员的想法。随着年龄的增长,赫尔姆斯成为一名喜剧演员的愿望越来越强烈。1992年,赫尔姆斯从威斯敏斯特学校毕业后,进入俄亥俄州奥伯林学院。在奥伯林学院的四年中,他以交换生的身份获得纽约大学Tisch艺术学院学习一个学期的机会,并于四年后获得电影理论和技术学位。

大学毕业后,赫尔姆斯去了纽约,做了一名电影助理剪辑员。他之所以选择这个职位,一方面是当时他需要挣钱生活;另一方面,从事这个工作,他可以学会制作电影的方法,一旦了解了电影设备,机会成熟后就可以拍自己的喜剧电影,这也不失为一种"曲线救国"之路。就这样,他一边给自己打气,一边卖力地工作着。因为工作出色,他很快就被纽约一家顶级电影后期制作公司聘为助理剪辑员,并且承担了美国"超级碗"橄榄球大赛的一部分广告制作。慢慢地,他在创造性劳动中获得了极大的成就感,也成为电影剪辑领域的专家。

老板看到了赫尔姆斯的才华和他的潜能,干脆拉他入股。就这样,年仅25岁的赫尔姆斯成为公司合伙人,开始拥有了自己的助手，个人收入成倍增加。此时，赫尔姆斯内心产生了一个更为诱人的念头——成为电影制作业的巨头。不过，伴随这个念头而生的，是他内心深处对成功的恐惧。这种恐惧，让他"心里像是揣了只兔子，上下扑腾"。

为什么他会在心里装这样一只"上下扑腾"的"兔子"呢？他开始静静地思考，寻找自己的这种恐惧的来源。他在内心深处和恐惧对话："你为何来我这里？意欲何为？"恐惧告诉他："不要怕，你其实挺棒的！"他追问着恐惧来此的目的，恐惧终于回答他："我之所以来你这里，是因为你害怕在喜剧行业里失败。我提醒你，这也正是当年你来纽约的真实原因。"

这样的内心独白，这样的深入拷问，如同当头棒喝，让赫尔姆斯顿悟，从而确定了自己的真正理想，也让他发现了人生路上的主要罗盘。多年后，赫尔姆斯在诺克斯学院的演讲中说"我发自内心地感激恐惧"。直面恐惧，与恐惧对话，让赫尔姆斯茅塞顿开，他认识到：如果你允许恐惧到来，它就会成为你通往成功路途中的一位心灵导师。

想通一切后的赫尔姆斯，一头扎入纽约喜剧电影这一竞争激烈的"鲨鱼箱"。他先从一个编剧和表演者起步，开始在纽约市喜剧小品剧院从事喜剧演艺事业。与此同时，他开始了解并参与一些画外音的配音工作。这些工作让他得以被星探发现，从而开

鸟笼效应

始了演艺生涯。

就这样，满怀干劲的他开始崭露头角。由于在演出前做了充分的准备，他表演得相当顺手。然而，当他遭遇第一次失败时，他又产生了恐惧感，甚至相当浓烈。不过，与内在恐惧对话让他学会了寻找问题。

面对失败，他没有退缩，而是更加深入地探寻自己的内心。一次演出结束后，他就自己的失败再次勇敢地直面恐惧，与其对话，反思自己的内心。这样的对话让他认识到，在舞台上演砸的确是一件相当丢脸的事，自己也因此对于再次上台表演产生了恐惧心理。不过丢脸虽然可怕，但远远不能抵消自己的表演欲望。既然自己还能勇敢地站在舞台上，还能认识到恐惧，就要有勇气接受观众的冷淡。即便是再次演砸，自己仍然站在那里；于一名喜剧演员来说，观众大笑固然是对他的肯定，但观众的面无表情同样也极具价值。就这样，赫尔姆斯为了追寻梦想，不断改变自己，不断自我拷问，在战胜恐惧中一步一步向前，最终成为一名出色的喜剧演员，继而成为一名著名的节目主持人，他主持的节目——《每日秀》风靡美国，深受观众欢迎。

当然了，战胜恐惧后的他，更是在表演事业上迎来一系列的成功：从2004年开始，他以小角色的身份，参演了一系列影片，如《Blackballed：The Bobby Dukes Story》《办公室》《棒球小英雄》《永不止步：戴维·寇克斯的故事》《低级学习》《半职业选手》……2009年，他因《宿醉》中斯图·普莱斯一角的精彩演出而获得更多关注，从此收获一个又一个成功。

赫尔姆斯一步一步走向成功的同时，更是他一步一步战胜约拿情结的历程。诚如他在演讲中所说："恐惧是我们的良师。事实上，我们生活中最有价值、最具启迪性的事情之一，就是'恐惧'。"在成长之路上，我们要勇于与恐惧对话，与内在恐惧保持良好的关系，如此方能在认识内在恐惧的同时，不断成长，收获更多宝贵的东西，而不止于害怕。因为个体只有经历了恐惧，才能真正理解它。

所以，与其畏于恐惧，错失成功的良机，不如与恐惧深聊，积极地投入生活，拿出冒险精神，相信自己具备克服困难的能力，如此一来，对目标的无坚不摧的热情和才华，就会使恐惧为自己让路，并推动自己最终获得成功！

别对自己说"不可能"

约拿情结告诫我们，一个人要正确地认识自己，在生活与工作中"该出手时就出手"，用自信去征服命运，以免错过本来可以实现的"成功"机遇。当然了，在此过程中，个体要抛开自卑

鸟笼效应

心理和盲目自信的空想，要学会客观地、真实地、正确地认识自我。须知，实事求是是打败一切恐惧心理的利器。

约翰·库提斯，这位双腿天生残疾的激励大师正是基于客观认识自己，才能战胜恐惧，获得成功。

1969年8月14日，约翰出生了。让父母难以置信的是，这个孩子天生残疾——只有可乐罐那么大，脊椎以下没有发育，双腿畸形，没有肛门。医生给这个怪孩子下的断言是：活不过一周。没想到，他活过了一周！于是医生又说他活不过一个月。让医生吃惊的是，过了一个月，他竟然还活着！医生又说他活不过一年，但是由于父母的坚持和悉心照料，他不但活过了一年，而且健康成长。当然了，天生的缺陷让他在成长的过程中承受着他人异样的眼光。许多见过他的孩子将他视为怪物，鄙视他，远离他。

为了改变这种现状，他开始不坐轮椅，每天用手走路，甚至为了走得快，他学会了滑板。不过，恶作剧并不曾停止。

成长中的痛苦是如此巨大，一想到这样的生活不知何时才到尽头，约翰一度想要放弃。然而，父母的爱让他振作起来。母亲告诉他，他是这个世界上最可爱的孩子，能成为他的父母，他们非常荣幸；父亲告诉他，人为责任而活着，即使身体上有残缺，也可以创造一番事业。父母的教导和爱，让他开始树立信心，他告诉自己："永远都不要认为自己很惨，世界上比你更惨的人多的是。"

1987年，约翰17岁了。就在这一年，因为伤口感染，医生不得不为他做了腿部切除手术。从此，他彻底成了"半"个人。不过，这样做的好处一方面避免了因腿上的溃疡、皮肤感染及骨髓炎可能引起的并发症，另一方面让他的行动更加自如。因为从小被孤立，约翰格外喜欢运动。运动不但让他获得了力量感，也培养了他的毅力。因此，从12岁起，他就打室内板球，还喜欢上了举重和轮椅橄榄球。腿部切除手术出院后不到3天，他就出现在打室内板球的俱乐部。

中学毕业后，约翰决定自食其力。于是他爬在滑板上，敲开一家又一家店门，询问店主是否愿意雇用他。然而，当店主看到几乎趴在地上的约翰时，都将他拒之门外。在经历过成百上千次失败后，约翰终于在一家杂货铺找到了自己的第一份工作。后来，他又到一家仪表箱公司从事拧螺丝钉的工作。为了谋生，他每天凌晨4：30起床，赶火车到镇上，然后爬上他的滑板，从车站赶到几公里之外的工厂。尽管生活艰辛，但是自食其力的快乐，让约翰勇敢且自信地生活着。

工作之余，运动是约翰的全部。一旦开始运动，约翰就找到了快乐和力量。因为球打得好，他经常参加比赛。尽管每当他戴着太阳镜和运动头盔出现在赛场上时,总会有小孩子对着他喊:"看呐,来了一个会走路的头盔!"但他已经学会了不在意。尽管他也经常把其他球员撞到轮椅外面去,还有人抱怨他打球太狠,但他学会了用"缺乏献身精神"反驳对方。就这样,一步一步,约翰迎来了成功。

1992年,约翰获得了澳大利亚残疾人乒乓球冠军,在世界排名第十三。此后的三年,他一直保持着这一荣誉。

伴随着这份荣誉,他的命运开始转变。一次午餐会上,约翰受邀结合自己的经历进行一次简短的演讲。约翰告诉自己:"我一定要把最勇敢的一面呈现给观众!"他讲述了自己的经历与现状,他的演讲让现场的观众热泪盈眶,赢得了热烈的掌声,甚至改变了一个女性自杀的念头。

这次演讲之后,约翰独自来到海边,面对着汹涌澎湃的大海,他陷入了回忆和思考。他既兴奋,又难过。他兴奋于自己获得的掌声,难过于自己成长中的无数痛苦。不过,最后他发出了平生第一次大笑,因为他清楚地认识到,与其将痛苦和恐惧压抑在内心,不如讲出来,让更多的人了解自己经历的恐惧和忧伤,了解自己的挣扎和拼搏。这样不但可以帮助自己疗愈,而且可以给他人以启迪。

从此,约翰开始了公众演讲。他先后在190多个国家做了

800多场演讲，用自己的亲身经历激励和影响了200多万人，也让自己成为澳大利亚的知名人物，开启了全新的人生——结识了可爱的里恩。

里恩是一个金发碧眼的离异女性，有一个身体不好的儿子：小克莱顿疾病缠身，不但患有自闭症，而且患有肌肉萎缩症、大脑内膜破损、心肌功能萎缩等众多疾病。约翰对里恩可谓一见钟情。然而，考虑到自己身体的残疾，约翰认为二人之间的距离是那么遥远。对里恩的相思让他彻夜难眠。最后，他告诉自己，无论成功或是失败，总应该去努力尝试，否则永远没有成功的可能。接下来，他开始追求里恩。实话说，里恩最初并不曾动心，只是为他坚强的生存意志所打动。然而，克莱顿特别喜欢约翰，两人因为共同的经历有着相当多的共同语言。慢慢地，里恩发现儿子生病或者遇到麻烦，约翰比自己还着急，总是主动想办法解决。最终，里恩被约翰打动，接受了约翰的求婚。

然而，命运之神仿佛不愿意看到约翰幸福。1999年下半年，就在约翰积极筹备二人的婚礼时，噩运再次降临。一天晚上，约翰感到腹股沟处相当不舒服。到医院检查后，他被告知患了睾丸癌，只有半年到一年的时间了。约翰痛苦极了，他愤怒地质问："为什么宣判我的死刑？我要到自己想死的时候才会死。"当他将这一消息告诉父母的时候，父亲的平静让他安定了下来。父亲用极其平静的语气说:"约翰,先是你的腿——砰!它们没了。现在是你的睾丸——砰!它们也没了。我担心,下次你就只剩下一个头了。"父亲的话让约翰想要扼住命运的咽喉。他想,生命中已经失去了太多东西,再失去一些又何妨?

在接下来近一年的时间里,约翰与病魔展开了殊死的抗争。他查阅大量关于癌症的资料,到处咨询,寻找任何一丝希望。最终,他不但让自己成为一名癌症专家,而且在一年后战胜了病魔,和里恩组成了幸福的家庭。

如今的约翰·库提斯已经成为国际著名的激励演讲家。他的一生好像一直在与恐惧斗争,不过,他成了最后的获胜者。诚如他所说:"每一天都会成为你生命中最美好的一天,我想跟你说的是,如果我都可以做到,或者说如果我们都可以做到,为什么你不可以呢?如果我可以做到,那么你也可以做到!你也可以做到!你也可以!请记住:别对自己说不可能!"而这个过程,其实就是与约拿情结斗争的过程。切记,只有正视自己的内心,才能扼住命运的咽喉!

Part | 第四章
04

洛克和洛克定律

自我定位的心理陷阱

目标给人以鼓励，催人奋进。然而，倘若目标成为前行路上沉重的负担，那么它不但失去了激励作用，而且会阻碍个体迈向成功。因此，当你感叹人生的失败时，不妨想一想是否错将目标当作理想，用对生活的全面而完整的构想，替代了跳一跳就可以达到的一个点或一个具体的阶段。倘若如此，那么不妨看一看洛克定律，看一看你是否找到了适合自己的"篮球架"。

第一节　找到适合自己的"篮球架"

洛克和他的"篮球架"

洛克定律指出，当目标既指向未来，又富有挑战性的时候，它便是最有效的。这一原理告诉我们，个体可以为自己制订一个高目标，与此同时，一定要为自己制订一个更重要的实现目标的步骤。一步登天的想法是绝对不可行的，为了实现目标，个体要学会为自己多制订几个"篮球架"，然后一个一个地去克服和战胜它们，久而久之，就会站在成功之巅。

美国哈佛大学对一群智力、学历和环境等方面都差不多的年轻人进行了一项关于"目标"的跟踪调查。调查开始时，研究人员先就这些年轻人的目标进行统计。结果表明，90%的人没有目标；6%的人有目标，但目标模糊；只有4%的人有非常清晰明确的目标。20年后，研究人员对这些年轻人进行回访后发现，4%有明确目标的人，生活、工作、事业都远远超过了另外96%的人。更不可思议的是，4%的人拥有的财富，超过了96%的人所拥有财富的总和。

这一调研表明了目标的重要性。目标为什么对于个体的成功如此重要呢？心理学家班杜拉的一句话，道出了其中的原因："对生活环境进行控制的努力几乎渗透于人一生中的所有行为中，人越能够对生活中的有关事件施加影响，就越能够将自己按照自己喜欢的那样进行塑造。相反，不能对事件施加影响，反而会对生活造成不利的影响，它将滋生忧惧、冷漠和绝望。"

在这里不得不提到著名的动机理论。作为心理学中的一个概念，动机是指以一定方式引导并维持个体的行为的内部唤醒状态，其主要表现为追求某种目标的主观愿望或意向，是个体为追求某种预期目的的自觉意识。动机是由需要产生的，当需要达到一定的强度，并且存在着满足需要的对象时，需要才能转化为动机。由此，心理学家提出了动机理论。这一理论道出了行为和目标的关系，是个体身心发展的重要理论。

不同流派的心理学家对人类的动机进行了多年的研究，因此，不同流派关于动机有着不同的看法。

精神分析学派认为，动机来自人的本能，即生的本能和死的本能。精神分析学的鼻祖弗洛伊德，更是用本我、自我和超我3个层次来解释个体心理的动力关系。他认为，个体的许多行为都是无意识的，随着个体的成长，许多需求被压抑了。然而在这个过程中，越来越多的外界刺激会激发个体内在的本能，个体进而产生了诸多需求。这些需求或较实际，如拥有心爱之人；或较虚幻，如长生不死。而这些需求，实际上就是一个个目标。

认知学派的心理学家则认为，动机源于个体对外界的认知。其中，美国心理学家托尔曼通过对动物的实验研究指出，个体的行为是具有目的性的，即行为的动机是指望得到某些东西，或者企图躲避某些讨厌的事物。个体凭借经验，期望通过某些途径或手段来达到行动的目的，由此提出期望理论。不过，期望理论不能解释个体为什么这样活动而不是那样活动。换言之，即个体要达到目标有多种途径，为什么不同的个体会采用不同的途径呢？

由此，心理学家提出了归因理论，即个体选择实现目标的方式不同，与其看待事物的因果关系有关。个体正是根据对因果关系的了解，进而采取自认为合理的达到目的的手段。至此，期望理论和归因理论成为认知的动机理论的连理枝。

前者试图解决动机的两个问题：期望什么，即实现目的的可能性有多大，以及目的的价值如何。心理学家弗洛姆针对以上问题指出，个体努力的多少是达到目的的似然率和该目的的效价的函数。因为效价和似然率成反比，所以似然率等于0.5是最优的。

换言之,一个成就动机高的人,会明智地选择难度适中的目标,因为这样做最有利于实现目标。

心理学家洛克在随后的研究中提出,目标是动机的决定力量,要有高标准才有最高的成就。不过他同时指出,这个目标必定是个体自觉提出的,而且内容要具体。倘若目标过于笼统,如"尽力而为之"等,就不会获得预期的成绩。于是,洛克的理论又将弗洛姆的期望理论进一步具体化。

心理学家海德又针对期望的形成,从完形学派现象论的观点出发,提出归因影响了个体的动机。归因分为内归因和外归因。其中,个体努力或能力属于内归因,背景、工作任务难度或机遇属于外归因。前者较为稳定,后者较为不稳定。个体将失败归因于自己不努力或外在环境,就会产生完全不同的动机,进而获得不同的结果。归因于个体不努力,可以让个体振奋精神,挽回败局;归因于外在环境,则会促使个体放弃努力。

由此,我们可以进一步明确,因需要而产生的动机,促使个体不断努力,向着预期的目标前进。在这期间,目标的确定影响着努力程度,进而影响着成功。合理的目标应该是难度适中,跳一跳就可以实现的,且是动态的,会随着个体的内在和外在情况的变化而调整。

成就目标的影响

在成就动机理论和成败归因理论的基础上，心理学家进一步提出了成就目标。所谓成就目标，就是个体达成自己的目标的愿望。心理学家平崔克（Pintrich）认为，成就目标是一种有组织的信念系统，反映了个体对成就任务的一种普遍取向，与目的、胜任、成功、能力、努力、错误和成就标准等有关。

依据成就目标理论，成就目标可以分为掌握目标（master goals）和成绩目标（performance goals）。前者是指个体将目标定位于掌握知识和提高能力上，认为成功就是自己达到了上述目标；后者是指个体将目标定位于好名次和好成绩上，认为自己达到了上述标准即赢得了成功。

无论是怎样的成就目标标准，我们都可以看到，不同的成就目标对应着不同的动机和行为模式。确立了掌握目标的个体，一旦自行确立了目标，就会为了实现自己的目标，主动且愿意接受具有挑战性的任务，运用深层的加工策略等手段，助自己达到目标。而确立了成绩目标的个体，则因为比较心理的存在，在实现目标的过程中，产生焦虑、羞愧、沮丧等消极情绪，干扰其有效的、综合策略的运用，由此导致个体有时不敢接受具有挑战性的任务，甚至在面对困难时产生退缩心理或行为，进而承受更多的失败和挫折。

鸟笼效应

为此，心理学家迈克尔·阿普特尔（Michael Apter）与其同事，对两个跳伞俱乐部的会员进行了调研。结合这些会员对其跳伞前、跳伞时和跳伞后的焦虑和兴奋情绪的报告进行分析，他们发现，人们的动机存在着明显的逆向转化：在跳伞前是焦虑的（但是没有兴奋）；在降落伞打开后感到兴奋（而不是焦虑）。但是这种唤醒状态并没有消失——随着跳伞者从有目的的状态转变到穿越目的的状态。由此，他们提出了新的动机理论——逆转理论（reversal theory）。该理论指出，人们的心理需要是对立的，概括起来有4对相反的元状态，即目的——超越目的，顺从——逆反，控制——同情，自我中心——他人取向，由此产生不同的动机模式。

洛克定律针对以上心理学基础指明，理想的目标应该是指向未来，又富有挑战性。只有这样的目标，才能激起个体的努力，唤起其内在对成功的渴望，从而不断努力，获得成功。

爱制订目标的心理学家

洛克定律是由美国马里兰大学的心理学教授埃德温·洛克于1968年提出的。洛克本人不但是一名杰出的心理学家，同时也是一位著名的管理学家。他经常为一些个人或企业的发展提建议。

第四章・洛克和洛克定律

1967年的一天，洛克接待了一位朋友介绍的咨询者——扎努克。扎努克拥有自己的电影公司，但这些年碰到了行业萧条、人才流失等诸多问题，当然，最主要的问题是工作效率低下。相比十年前公司初创时，规模扩大了三倍都不止，但公司的发片量远不如十年前。相当多的影片原定档期一拖再拖，连续很多年的年度目标都无法完成，甚至出现下滑的趋势。面对这些棘手的问题，扎努克无所适从，不知应该如何处理，因此想请洛克到公司实地调查，给出一些建议，以助其找到公司发展的出路。

经过两个月的调查，洛克发现扎努克的电影公司拥有相当多的老员工。他们一辈子在这里上班，深爱着这家公司和自己的工作。然而随着行业的下滑，他们不但无法完成既定目标，而且还要面对着逐年增长的目标。实际完成目标和既定目标之间的差距越来越大，他们越发感到无能为力。然而，其中的员工阿兰·莱德却是独特的一个。

莱德原本是一家电影院的负责人，由于他负责的电影院业绩相当不错，所以被调到总部负责几部影片的具体进度。工作初期，经过莱德的努力，一些影片的进度有了起色，有望按计划完成。但在调查中，洛克从莱德手底下的人那里获知，这个年轻人很有能力，不但事无巨细、安排得当，而且亲力亲为，办事效率很高，于是他找到莱德，询问他对安排工作的经验。

鸟笼效应

莱德回忆自己的工作，认为自己并不曾有什么诀窍。不过，他在处理问题时，参考了自己打篮球的经历。莱德从小就喜欢打篮球。小时候，为了让他能摸到篮筐，父亲在家里装了一个可以升降的篮球架。随着他的成长，父亲会隔一段时间将篮球架上升一点儿，让篮筐始终保持着他努力一跳起就可以摸到的位置。这就使得莱德养成了制订刚好能摸到的目标的习惯。而他在工作后，将这一习惯应用到了工作中。

洛克因莱德的话而陷入深深的思考，最终明白扎努克公司的问题就在于目标制订得不够细化。于是他建议扎努克将一年500部电影的制作工作量细分到每一天，比如配音小组今天有30个镜头要配音，剪辑团队今天有100小时的视频需要剪辑加特效。这样一来，目标变得可以实现，一个一个可实现的目标就达成了一年500部影片的发片任务。扎努克接受了洛克的建议，并予以实施，于是他的电影公司纵然在行业不景气的1971年，仍旧走出了困境，之后陆续推出了《星球大战》三部曲和《巴顿将军》这样经典的作品，成为鼎鼎大名的二十世纪福克斯。而阿兰·莱德也于1971年成为二十世纪福克斯公司的总经理。

结合这次调查工作，洛克与其同事在经过大量的实验室研究和现场调查后，于1968年发表的《管理的实践》一书中提出了洛克定律：方向正确又有挑战性的目标才是有效的。可以制订一个总的目标，但一定要为这个目标制订实施的步骤。不要想一步登天，多定制几个"篮球架"，然后一个一个去"摸到"，长此以往，不知不觉就成功了。这就是洛克定律，也是"篮球架"原理。

洛克定律提示我们，无论是对个体还是集体，科学而合理的目标设置是必需的。一个合适的目标，应该具备如下三个方面的条件：一是具体性，即目标能够精确观察和测量的程度；二是难度适宜，即目标实现的难易程度要利于个体跳一跳就能"摸到"；三是目标具有可接受性，即目标被个体或集体接受并认可。

洛克进一步解释，目标专一，才有专注的行动。而个体或集体想要获得成功，就要制订适合自己的奋斗目标。目标的制订要切合实际，要针对个体或集体的特点。因为每个人都有自己的特点，具有他人无法模仿的一些优势。只有好好地利用这些特点和优势去制订适合自己的高目标和实施目标的步骤，个体才可能取得成功。于个体而言，在实施目标时，只有当每个步骤既指向未来，又富有挑战性的时候，它才是最有效的。

所以，个体在成长的过程中，要学着为自己制订一个总的高目标，更重要的是，要为自己制订一个实施目标的步骤。不过要注意的是，目标的制订要实际，要随着实际情况动态调整，不能幻想一步登天，要为自己多定制几个"篮球架"，并在一个一个地克服和战胜的过程中获得成就感，从而实现最终的成功！

鸟笼效应

第二节　成功的道路是目标铺出来的

高度自信的罗杰·史密斯

目标是灯塔，可以指引你走向成功。有了目标，就会有动力；有了目标，就会有方向；有了目标，就会有属于自己的未来。什么样的目标才是好目标？洛克定律告诉我们，适合个体实际情况的、立足于未来发展的目标，才是最为合适的，才是具有激励性的。在个人发展过程中，每一个个体对成功都充满了渴望。但要切记，成功之路是由一个一个目标铺出来的。聪明的个体，一定能依据自己的情况，借助科学的目标管理，为自己搭建一条成功之路。

1949年，一位24岁的年轻人迈着自信的步伐走进美国通用汽车公司，应聘会计岗位。当面试员问他"为什么会选择来这里应聘"时，他笑着说："为了圆自己儿时的一个梦。"原来，年轻人的父亲曾说"通用汽车公司是一家经营良好的公司"，而这激发了他的好奇心。于是他就决定来到这里看一看。当面试员告诉他，本次招聘只有一个空缺，而且这个职位的工作相当辛苦，作为一名新人，恐怕很难胜任。但这个年轻人却以自己的自信给负责面试的助理会计留下了深刻的印象。因为他告诉他们，自己要进入通用汽车公司，展现自己足以胜任的能力与超人的规划能力，最终成为通用汽车公司总裁！

面试官或许根本不会想到，这个充满自信的年轻人竟真的在1981年成为通用汽车公司的总裁，并在职10年之久。这个年轻人就是罗杰·史密斯（Roger Smith）。

1925年7月12日，史密斯出生于美国俄亥俄州哥伦布市的一个银行家和实业家家庭。3岁时，因为父亲关闭了家庭银行，举家迁往密歇根州，所以史密斯是在那里长大的。在成长的过程中，他不但亲眼看到，身为一家小公司的副董事长的父亲是如何筹建并管理阿加洛埃金属管道公司的，而且因为经常去公司帮着做些管理工作，受到了父亲敏锐的商业意识和聪颖的创造才能的影响和感化，进而锻炼了他的商业头脑和管理才能。加之长期良好的家庭教育，史密斯形成了自力更生的能力，以及积极向上的冒险精神。这些后天培养的才能，与他先天的毅力和决心，为其以后的事业发展奠定了坚实的基础。

17岁时，史密斯从底特律大学附属中学毕业，进入密歇根大学攻读企业管理学。5年后，他获得企业管理学位，并继续攻读企业管理，最终获得了这一专业的硕士学位。密歇根大学的学习经历，为史密斯日后执掌企业打下了深厚的管理学基础。

初入通用汽车公司的史密斯，是从底特律总部的一名总记账员开始的。这虽然是一个毫不起眼的职位，距离他那个成为通用汽车公司总裁的目标简直是天壤之别，然而，史密斯并不气馁，始终以踏实认真的态度对待这份工作。据他刚入公司交下的第一位朋友——阿特·韦斯特说，在二人共事的一个月中，史密斯相当郑重地告诉他，自己将来一定是通用的总裁。正是在这种高度自信的指引下，他不断努力向前，向着自己的目标一步一步前进。

这个身材瘦小的美国人，终因其严谨细致的工作获得上司的赞赏。他慢慢地积蓄着自己的力量，缓缓靠近自己的目标，最终凭着智慧和魅力逐渐跻身于通用汽车公司的上层机构。1971年，史密斯成为通用汽车公司的副总裁，负责行政财务事务。同年，他进入公司的管理委员会。三年后，史密斯被选为执行副总裁，负责财务、公共关系及产业与政府关系事务。

就在史密斯向着自己的目标不断前进的过程中，通用汽车公司——这个美国老牌汽车强企，迎来了自己的劲敌。

19世纪70年代，通用汽车公司面临着严峻的形势。随着美国关税壁垒的逐渐放松，石油危机的爆发，世界原油价格暴涨，以石油为原料的汽车行业遭受重创。与此同时,德、日等国的一大批小型省油汽车乘势而起,打进美国市场并深受欢迎,迅速占领了美国四分之一的市场。以大型汽车生产为主的通用汽车公司,失去了原有的优势,销售量锐减,利润暴跌,败象顿生。

为了应对挑战,通用汽车公司试图从产品结构上改进,生产小型汽车,以便与日本争夺市场份额。然而,由于通用汽车公司自身的流水线自动化程度太低,技术太落后,导致小汽车成本远超日本车。加之没能解决美国车耗油量大的通病,致使其生产的小汽车根本无法适应激烈的市场竞争。结果通用汽车公司生产出来的小型车遭遇大批退货,即便是一度畅销的"切夫特"车也渐趋衰落,不得不黯然退场。

竞争是如此残酷无情,败者的悲鸣就是胜者的欢歌。伴随着通用汽车公司销量的下滑,日本汽车却于19世纪70年代末创造了历史最高纪录,夺得了美国本土汽车市场14%的份额。日本汽车的冲击,动摇了美国汽车在世界汽车工业中的霸主地位。美国汽车在世界范围内销量的锐减,使得底特律——这个汽车工业城市的身价一落千丈,城市经济日渐萧条,汽车工厂纷纷关闭,汽车销售企业纷纷倒闭,工人大量失业。

与面临生死关头的克莱斯勒、每况愈下的福特汽车公司一样,这个世界第一大汽车公司——通用汽车公司也同样举步维艰。1980年,通用汽车公司遭遇了自成立以来的首次年度亏损,亏损额高达7.5亿美元。与此同时,公司还要面对大量的诉讼、持续存在的质量问题、恶劣的劳资关系、公众对在奥兹莫比尔安装雪佛兰发动机的抗议,以及设计拙劣的柴油发动机等一系列问题,以致其声誉严重受损。

就在整个通用汽车公司陷入危险的深潭、步履维艰的时刻,史密斯临危受命,当选为通用汽车公司最高领导人——董事会主席兼总裁,承担起挽救通用汽车公司和重振它的使命。

1981年,他就任通用汽车公司总裁一职。面对公司的惨状,高度的自信让史密斯坚信自己可以领导通用汽车公司战胜对手,再创辉煌。他引导公司管理层反思,说:"我们时下面临严重的危机!我们在外国的进攻下节节败退。我们在产品质量、技术改进、工厂设施,甚至在经营管理方面都赶不上我们的竞争者……谁也不敢相信,在1980年,通用、福特、克莱斯勒三大汽车公司的净收益居然还赶不上一个摆饮料摊的小姑娘!难道我们不应该痛心反思,难道我们不应该大力改革吗?"他的发言激励了通用汽车公司的管理人员,他也在众人期盼的眼光中,看到了重振公司的希望,并对挽救它充满了信心。

当然,他相当清楚,当下的自己绝对不能做错任何一件事情,否则就会承受极大的反弹和抵触,形成恶性循环。就这样,他满怀雄心，又小心翼翼地开启了重振通用汽车公司之路。

他将自己丰富的管理理论和在财务管理中训练出来的能力，与出众的才华相结合，从战略高度审视公司的发展，绘制了公司的战略规划图。他还将自己得天独厚的无限精力全身心地投入到工作中。每天，他从早上7点一直工作到下午6点，让自己每一秒钟的时间都运转着。

当然，史密斯高度的自信也在工作中全方位地展示出来。他办事效率高，看不得公司内部的官僚作风。他做事果决，思维敏捷，讲话时语速飞快，不给他人喘息之机，甚至因为过于匆忙，口中经常只蹦出关键的单词。他也因此看不上拖沓或跟不上他节奏的人。在公司的管理委员会议上，他坚信自己的主张和想法，一旦发现会议中的某件事与自己的想法不相符，或某件事进度过慢，他就会解散会议，认为那纯粹是浪费时间。

不得不说，他的这种自信成就了他的管理，促进了通用汽车公司内部的高效率工作，也得以让他的举措在公司内部强力推行。

他将改革生产X型和J型车计划列为首个举措。然而，由于研发受到公司流动资金减少的限制，改革后的J型车不能让人眼前一亮，没能给人们带去新车的感觉，加之价格过高，设计上也存在严重的缺陷，使得该车在出厂后仅两个月的时间就出现了镀

鸟笼效应

铬脱落等严重的质量问题，结果没能达到为公司重新注入活力的目的，使其进一步深陷财政危机。

不过，高度自信的史密斯并没有心灰意冷，也没有被失败击倒，反而更坚定了成功的信念。他在反思的过程中，重新思考通用汽车公司的重建计划。他仔细分析了打入美国市场的日本汽车的特点——质量优良，节油性能好，相比美国车价格低。认识到日本车的这些优势后，他认识到要与日本车竞争，就要重塑通用汽车的优势，而要有优势就必须降低成本。于是，他出台了一项全新的变革方案：与日本同行合资，联手寻求发展。

对于骄傲的美国人来说，他的这一决定是难以让人接受的。因此，他的决定一出台就遭到舆论的责难，甚至通用汽车公司的一些董事会成员也认为他的决策是相当错误的。然而，史密斯坚定自己的想法，坚持认为要想打败日本的企业，首先就得与日本人合作！

就这样，在史密斯的坚持下，通用汽车公司最终和日本丰田汽车公司合作，使公司走向了一条新的发展之路，从而在激烈的市场竞争中获得了更强的适应性。

后来，史密斯还与韩国汽车制造商组建战略合资企业、成立土星（Saturn）部门、大力投资技术自动化和机器人技术，以使通用汽车公司规避了风险。

最后，随着国际汽车市场日新月异的变化，史密斯的"土星"计划和改组的优势日趋明朗，通用汽车公司的汽车档次不断提高，汽车的质量也不断提高，汽车价格也更亲民。最终，通用汽车公司在不断的创新中，获得了巨大的经济效益，彻底改变了19世纪80年代初的衰退趋势，成为19世纪90年代汽车企业的支柱。

2007年11月29日，82岁的罗杰·史密斯告别了人生的舞台。尽管人们对他在通用汽车公司的功绩给予褒贬不一的评价，但他却用自己的亲身经历告诉我们：成功是由一个一个的目标和坚定的信念组成的，而要取得成功，需要充满信心、脚踏实地、一往无前、不断探索！

"世界第一夫人"的内心力量

她是美国第32任总统富兰克林·罗斯福的妻子，也是"罗斯福新政"的幕后设计师，还是著名的社会活动家、政治家、外交家和作家。她以自己的成长经历告诉人们：锁定目标，不断前行，终获成功。她就是安娜·埃莉诺·罗斯福。

1884年10月11日，埃莉诺出生于纽约市曼哈顿的一个上流社会家庭。她的母亲是社交名媛安娜·丽贝卡·霍尔，父亲是显赫世家的后代埃利奥特·布洛赫·罗斯福。她是家中的长女，有两个弟弟。尽管由于不具备上流社会用以区分人等的高颜值，加之举止严肃，衣着朴素，她被母亲戏称为"奶奶"，但不得不说，她的家族让她出生就自带光环，想不引人注目都难：她的伯父是当时的美国总统西奥多·罗斯福，外祖母玛丽·利文斯顿是纽约政治世家蒂沃利·利文斯顿家族的成员。

2岁时，她在随父母和姨妈蒂西乘船旅行时遭遇了事故，虽然幸运地获救，但从此之后，船只和大海成了她终生不敢，也不愿触碰的禁域。7岁时，死神借白喉之手从大难不死的埃莉诺身边夺去了她的母亲，继而在次年夺走了她的一个弟弟，又在两年后将她那位因酗酒成性而被禁锢在疗养院的父亲带走。如今，她的身边只有弟弟霍尔了。

失去父母后，她被接到严厉的外祖母玛丽·利文斯顿的家中，并在那里长大。在外祖母家，她开始在不断学习中成长起来，变得越来越富有思想。14岁时，她明白了一个道理：外表的美丽并不能决定一个人的人生前景，重要的是掌握真理和拥有忠诚的品质，因为这两种美好的特质会吸引所有人的目光。从此，她将修炼自己的内在品质当作成长的目标。

然而，父亲的酗酒和母亲的冷漠，以及外祖母的严厉，还是造就了埃莉诺敏感胆怯的性格，她总是担心自己是否会带给周围人困扰，过着紧张害怕的生活。这种极度小心、缺乏安全感的结果，就是让她在一连串的失去后患上了抑郁症，不得不接受私人辅导。15岁时，在姑姑安娜的鼓励下，她进入英国伦敦郊外温布尔登的一所私立学校阿伦斯伍德学院（Allenswood Academy）学习，校长是著名的教育家玛丽·苏维斯特尔。这位致力于培养女性独立思考能力的女校长，对埃莉诺的成长发挥了重要的影响。

在阿伦斯伍德学院学习期间，埃莉诺在苏维斯特尔的鼓励和影响下，不但学会了流利的法语，而且变得越来越自信。甚至在两年后，埃莉诺被祖母召回家中后，她们依旧保持着通信联系。可以说，在埃莉诺的心中，苏维斯特尔一直对她有着重要的影响，她始终将苏维斯特尔的照片放在家中的桌上，将二人多年的通信带在身边。

18岁开始进入上流社会的社交圈后，埃莉诺并不受欢迎，因为她有着一米八多的大个子、又亮又尖的嗓音，以及前突的门牙。这些不具优势的特点，加之不加修饰的外表，使她遭到了他人尖酸刻薄的讽刺。幸运的是，她结识了纽约青年联盟的创始人玛丽·哈里曼，并成为这一组织的积极参与者，承担起该组织在纽约东区贫民窟中教授舞蹈和健美操的任务。从此，她成为虔诚的圣公会教徒。公益事业和宗教信仰让她的内心变得更加强大，也让她向着修炼自己的内心和美好品质的目标更进了一步。

或许正是这种爱好和优秀的品质吸引了富兰克林·罗斯福——她未来的丈夫。1902年夏天，埃莉诺在去纽约蒂沃利的火车上与富兰克林·罗斯福相遇，二人从此坠入爱河。他们经过了三年的爱情长跑，顶住了来自富兰克林·罗斯福的母亲的反对，于1905年3月17日结为伴侣。

婚后，埃莉诺生儿育女，做起了罗斯福的后盾，打理着家庭的一切，照顾着五个孩子，协助丈夫做好社交工作。原本生活似乎会永远这样进行着。一个意外事件的发生，改变了埃莉诺，使得她重新确立了自己的人生目标，并由此重写了个人历史。

1918年9月，埃莉诺无意中发现丈夫有了外遇。这让她重新思考自己的人生，她开始认识到，美好的品质固然重要，但展现出自己的能力、寻找到自己的人生位置更重要。她在调整好自己的心态后，重新锁定自己的人生目标——成为一个对世界有影响的独立的个体，而不是罗斯福背后的那个女人。为此，她在支持丈夫政治事业的同时，开始在外界展现出自己的能力。

1921年后，罗斯福因脊髓灰质炎症，双腿瘫痪，不得不长期生活在轮椅上。埃莉诺成了他的双腿，在帮助罗斯福参加州长竞选、做报告、募集资金，以及为宣传活动奔走的过程中，她展现出灵敏的思维和超强的能力。最终，在她的帮助下，罗斯福不但顺利地当上了州长，而且最终成功当选美国总统。

当人们谈到"罗斯福新政"时，没人会想到，在"罗斯福新政"的背后，是埃莉诺代替罗斯福为"新政"实施的奔波与操劳，也是她代替行动不便的总统丈夫，每年横跨四万英里到全国巡游、演讲，对人们予以关注。

当然，在协助甚至代替罗斯福做着相关工作的同时，她坚持着自己的目标——写专栏，《我的日子》在全国135家报纸上刊载；每周进行两次广播，且全身心投身于公益事业。就这样，她不再只是总统夫人，她获得了仅次于总统丈夫的名气，开始将自己的力量散播到全社会，甚至全世界。

1945年，罗斯福去世后，埃莉诺被新任总统杜鲁门任命为美国驻联合国代表团团长和联合国人权委员会主席。此后，她主持起草了著名的《世界人权宣言》，为维护人权而努力；她关注弱势群体，反对歧视黑种人，呼吁女权，反对德国拥有核武器⋯⋯

此时，谁还能再仅仅将她看作罗斯福背后的那个女人呢？她真正实现了自己的人生目标：成为一个有影响力的独立的个体，一个独立的政治活动家。

埃莉诺用自己的成功经历告诉我们，无论你的先天条件如何不足，只要你锁定了自己的目标，并持续不断地向着目标前进，你就会用目标为自己铺就一条成功之路！

Part 05 第五章

瓦拉赫的诺奖之路

自我认知的心理陷阱

莱布尼茨曾说："世界上没有完全相同的两片树叶。"其实何止是树叶，世界上根本不存在任何两个完全相同的物体。万物皆有其存在的价值，端看其从哪个角度发展自己。于是，兔子认识到自己先天条件的不足——腿短，从而不去学习游泳、打洞之类的薄弱项目，而是发展自己短跑的特长，进而在优势项目中立于不败之地，成了短跑冠军；沙丁鱼能够面对强大的鲸鱼，充分认识到自己的长处——短小灵活，使强大于自己数倍的鲸鱼搁浅，进而顺利逃脱困境。这就是扬长避短的生存之道、发展之理，也是瓦拉赫效应揭示的成功之路。

第一节　瓦拉赫与他的探索之路

个性心理原理

瓦拉赫效应告诉人们：个体的智能发展是不均衡的，每个个体都有其智能的强点和弱点，个体一旦找到自己智能的最佳点，使其智能潜力得到充分发挥，就可以取得惊人的成绩。套用阿基米德的一句话来说，就是"给我一个支点，我就能撬起地球"。

作为心理学上一个著名的心理效应，瓦拉赫效应是激励无数人成功的定理。那么，这个定理背后的心理学原理是什么呢？

瓦拉赫效应的提出，是基于心理学的一个重要的词汇：个性。它指出个性差异存在的必然性。那什么是个性？个性存在的意义又是什么？

个性，即personality，最初源于拉丁语Person，指希腊罗马时代戏剧演员在舞台上所戴的面具，后来成为演员的代称，意即具有特殊性格的人。由此可见，个性不仅指一个人的外在表现，也指一个人真实的自我。基于个性的复杂性，心理学界对其展开了一系列的研究：一种观点认为，个性是智慧、气质、技能和德行等个人品格的每一个方面的体现；另一种观点认为，个性是一个特殊个体对其所作所为的总和；还有观点认为，个性是个体与环境发生关系时身心属性的综合；更有观点认为，个性是个人之所以有别于他人的行为。

我们从以上观点可以看到，伴随着心理学的发展，个性的概念不断地补充和完善，但基本上是从内容和形式方面来阐述的。美国心理学家阿尔波特（G. W. Allport）在对个性进行了长期而深入的研究的基础上提出，个性是决定个体独特的行为和思想的个人内部的身心系统的动力组织。

作为种族发展和遗传的产物，作为社会生活的产物，个体不但具有生理面貌特点，也具有心理面貌特点。这个心理面貌特点，主要就是指个体的个性特点。个性特点是个体区别于他人的重要特点之一，它反映的是一个人的整体精神面貌，是具有一定倾向性的心理特征的总和。

个体心理有着自己的特征，包括个性倾向性和个性特征两个方面。个性心理是在完成一般心理过程中发展起来的，也是在一般心理过程中形成的。因此，它既具有一般心理过程的特点，又具有自己的特征。个性倾向性包括需要、动机、兴趣、理想、信念和世界观；个性特征包括能力、气质和性格。

在个体成长的过程中，生理需求是最基本的需求，精神需求是高级需求，而"自我表达"则是最高层次的需求。伴随着社会的发展，个体接触到的事物越来越丰富多彩，物质和精神财富越丰富，选择的空间和余地就越大。这时，不同的个体就因个性倾向的不同，表现出需求的差异。而由于需求不同，个体的兴趣就出现了差异。大多数人都感兴趣的事物，比如金钱、地位，那些心存特殊理想、信念的个体则根本对其提不起兴趣。这些不同，形成了不同的个体对社会、世界的不同看法和观念，表现出不同的态度，进而形成不同的世界观。

综上所述，不同的需要和动机使得每个个体对客观事物、事件表现出不同的兴趣、理想和信念，进而形成不同的世界观。正是由于世界上存在着不同的个体，也就有了"千人千面"一说。于是不同的个体就会展现出自己的长处，存在着自己的短处。当面对同样的处境时，不同个性特质的个体就会表现出不同的应对方式，结果就会出现千差万别的结局。而这正是瓦拉赫效应的心理学基础之一。

自我认知理论

社会心理学中的自我认知理论，是瓦拉赫效应背后的又一重要的原理。正是这种自我认知能力,决定着个体的自我调节能力,也决定着瓦拉赫效应的影响力。

自我认知(self-cognition),也叫自我意识或自我,是个体对自己存在的觉察,包括对自己的行为和心理状态的认知。它是个体对自己的洞察和理解,由自我观察和自我评价两部分组成。前者是指个体对自己的感知、思维和意向等方面的觉察;后者是指个体对自己的想法、期望、行为及人格特征的判断与评估,这是自我调节的重要条件。

研究表明,个体对于自我的存在会产生行为和心理的认知,而这种认知需要一个发展过程。最初,这种认知相当模糊,这也就是为什么幼儿会经常因为好奇心做出一些危险的举止。而幼儿正是在不断试错、加深记忆以及思考学习后,其自我认知才渐渐成熟的,进而能有意识地区分自己的行为是否安全,是否有价值,最后在这样的过程中形成自我心理的认知。

通常情况下,自我认知这种自我觉察能力的形成,需要个体的思维和想象力达到一定的程度。而一旦个体具备了这种能力,就意味着个体可以区分个人肌体行为与心理行为之间的差异,这也意味着个体能实事求是地评价自己,能做到自我调节和人格完善。

一个具备较高自我认知能力的个体,能认识到自己整个思维和记忆的状况,并能够对自己的心理活动进行控制,进而达到一种忘我的境地或者无我的境地。一旦个体处于这种状态,个体就可以认识到自己是谁,自己和自己的思想、记忆的关系,也就可以全观自己的心理状态以及整个自我的运作,并进行合理的控制。这也是为什么有的人不能正确地认识自我,看不到自己的优点,认为自己处处不如他人,内心极度自卑,做事畏缩不前,甚至丧失信心;有的人则过高地估计自己,骄傲自大、盲目乐观,导致不断遭遇挫折;而有的人则能清醒地认识自己,找到人生的那个"支点",从而获得成功,享受到成长的快乐。

由此可见,如果个体能做到清晰地认识自我,给予自己准确的定位,就能在恰当认知的前提下,终止某些不切实际的想法,全面地认识自己,在生活中寻找到适合自己的位置。因此,拿破仑·希尔说:"一切的成就,一切的财富都是始于自我认知。"而这也是瓦拉赫效应的又一心理学原理。

诺贝尔奖得主的曲折人生

清楚了瓦拉赫效应的原理,接下来我们要认识这一原理涉及的一个重要人物——奥托·瓦拉赫(Otto Wallach)。

瓦拉赫是德国化学家,他首次成功地进行了人工合成香料,在脂环族化合物的研究中做出了贡献，从而摘下了1910年诺贝尔化学奖的桂冠。如同大多数成功者一样，瓦拉赫的成长同样曲折，而且其经历证明了瓦拉赫效应的存在：尺有所短，寸有所长，个体的发展都是不太平衡的，只要找到自己的长处就可以得到最好的发展。

1847年3月27日，瓦拉赫出生于柯尼斯堡的一个律师家庭，是犹太后裔。他的父亲格哈德·瓦拉赫是虔诚的路德教派的犹太后裔，母亲奥蒂利是信奉新教的德国人。如同每一个犹太家长一样，瓦拉赫家的家教极严，规矩极多，但对孩子的教育相当重视。父亲对他寄予着厚望，力求给予他尽可能好的教育，并尽力供他读书深造。

中学时，瓦拉赫全家居住在波茨坦，瓦拉赫进入了这里的一所体育馆上学。在这里，他学习了文学和艺术史，由此坚定了他对文学和艺术的喜爱。当然了，这种喜爱也让他的人生经历多了些曲折和传奇。

由于喜爱文学，于是他就在父母的支持下，选择在文学方面发展。然而，仅仅上了一个学期，他在文学方面的表现远不能与他对文学的喜爱相匹配。期末时，他获得了老师如下评语："该生用功，但做事过分拘泥和死板，这样的人即使有着完善的品德，也绝不可能在文学上有所成就。"

这样的评语，等同于宣布瓦拉赫文学之梦的破产。继而，他又将自己喜爱的艺术作为发展方向。在父母的支持下，他开始学习油画。因为瓦拉赫既不善于构图，又不会润色，加之对艺术的理解力不够，其油画成绩竟然在班上排到了倒数第一。于是，他收获的评语是"你是绘画艺术方面的不可造就之才"。这样的评语令瓦拉赫难以接受，让他一度对自己失望透顶，认为自己无可救药，这辈子也没什么出息了。

就在这个老师眼里的笨学生陷于绝望之际，化学老师的评语让他对人生重新燃起了希望："该生做事一丝不苟，具备很好的做好化学实验的素质。"而且化学老师告诉瓦拉赫："条条大路通罗马。你在文艺方面的缺点正是在化学研究中的优点，我相信你在化学方面是一个可造之才。"随后，在老师的建议下，他开始转而主攻化学，变成了公认的化学方面的"前程远大的高才生"。同时，他还在父母的支持下，开始在家里进行私人化学实验。

20岁时，瓦拉赫进入哥廷根大学学习化学。当时该校的化学系主任是化学家弗里德里希·韦勒。在这位杰出的无机化学家的影响下，瓦拉赫在化学实验和研究上的表现越来越优秀。随后，他专攻无机化学研究，并于两年后以论文《甲苯同系物的位置异构现象》获博士学位。就在取得博士学位的那年，瓦拉赫同时担任柏林大学教授、化学家奥古斯特·威廉·冯·霍夫曼

鸟笼效应

（August Wilhelm von Hofmann）和无机化学家海尔曼·维歇尔豪斯的助手，继续进行无机化学的研究。

一年后，他以教授的身份进入波恩大学，一边教学，一边做著名化学家凯库勒的助手，负责实验室的工作。在教学过程中，他对油类用于药物的整个晶族进行了系统的研究。结果发现，亚硝酰氧等试剂可以和萜类化合物形成固体加成物，从而分离出纯净的油类物质。1889～1915年，瓦拉赫在哥廷根大学任化学教授兼任化学研究所所长，同时继续进行萜类化合物的深入研究。1909年，他的专著《萜和樟脑》出版，书中总结了他一生对于萜类化学的研究成果。

1910年，鉴于瓦拉赫奠定了脂环族和波烯化学研究的基础，他被誉为人造香精和合成树脂工业的奠基人，也因此被授予诺贝尔化学奖。

第二节　向着正确的目标行动

马克·吐温的人生支点

瓦拉赫的成功说明每个人都有自己的优点和缺点，只要我们正确地认识自己，扬长避短，就能够最大限度地实现自己的价值，获得属于自己的成功。为此，个体生活这个世界上，就要学会了解自己，努力找到适合自己的存在方式和取胜方法，因此才能让自己的价值得到最充分的发挥。

读过《百万英镑》《哈克贝利·费恩历险记》《汤姆·索亚历险记》后，相当多的人都为作者的精巧构思、出色的讲故事能力所折服。于是，马克·吐温这个名字就引起了太多人的兴趣。然而许多人不知道的是，马克·吐温本人的成功故事，同样也引人入胜，更是帮助人们理解瓦拉赫效应的实例。

马克·吐温原名塞缪尔·朗赫恩·克列门斯（Samuel Langhorne Clemens），出生于美国密苏里州佛罗里达镇的一个法官家中。他的父亲约翰·马歇尔·克列门斯，是一个严肃、正直、拘谨、很有学究风度的人。虽然身为一名法官，受人尊敬，但收入微薄。他的母亲漂亮迷人、机智俏皮。虽然一家人过着并不富裕的生活，但父母的乐观个性使克列门斯感受到了生活的快乐，也为他后来能写出那些幽默讽刺的作品奠定了基础。

4岁时，克列门斯随家人迁居到伯父所在的密西西比河河畔的汉尼拔镇。在这个仍旧保留着黑奴制度的地区，在伯父的农场里，克列门斯知道了黑奴遭遇的悲惨，对他们充满了同情，甚至和一个叫丹尼尔的中年黑奴成为好朋友。丹尼尔的聪明善良、勤劳智慧、乐于助人，深深地影响了克列门斯，他为克列门斯讲述的天南海北的逸闻趣事和童话寓言，给童年的克列门斯带去了许多快乐。

一天，当克列门斯从老师那里得知"祈祷，就会获得一切"的时候，他开始每天祈祷，希望自己第二天可以吃到从没品尝过的大面包。要知道，每天拒绝可爱的同桌的邀请，看着对方吃着那诱人的面包，真是一件痛苦的事。然而就算他在家中坚持了一个多月的祈祷，面包还是没有降临。他终于意识到，只有通过实际的工作，才能获得自己想要的东西。祈祷，永远只能让自己停留在等待中。

12岁那年，因为父亲病逝，克列门斯不得不辍学谋生。他先到一家报馆当学徒，做着数不清的工作，却拿不到工钱，仅能维持温饱。每天,他从生火、提水、打扫办公室,到进行手工排版、折叠纸张、把350份报纸包好去邮寄,甚至每逢星期四还要在天不亮时就将周刊送到镇上100多位顾客手里。后来,他又到其他报社做了排字工人,这样收入相应地提高了一些,但也只够糊口。

"苦难是最好的学校",苦难的生活赋予了克列门斯顽强的意志。在苦难的生活中,克列门斯没有因逆境而变得自轻自贱,而是培养了面对困境的乐观心态,努力利用业余时间到学校上课,不断增长知识。为了实现自己的理想,他不仅克服了生活上的困难,而且实现了思想上的突破,还理解了要改变自己的命运,战胜贫穷,就要不断积累,提升能力,发挥自己的优势。

辗转在不同的报社工作一段时间后,克列门斯学到了知识,也积累了一定的经验和不多的财富。苦于无法改变自己的命运,他试图转到其他行当工作,寻找新的起点。就这样,他去了一艘名叫"宾夕法尼亚号"的轮船上当水手。由于工作出色,不久他就被提升为领航员,往返航行于密西西比河上。美国南北战争爆发后,克列门斯参加了南方军,甚至一度做到陆军少尉。不过没多久,他就复员去了西部的内华达做矿工,以为可以通过淘金发财,结果还是一无所获。好在工作之余,他阅读了大量欧洲古代学,这为他后来的写作打下了良好的文学功底。

多年前的报馆经历,让克列门斯对报纸的了解足够深入。加之阅历丰富,他很快又幸运地在《事业报》找到一份驻卡森市的记者工作。这份工作为他提供了大展才华的舞台,也成为他写作的出发点。随后,他在旧金山从事的编辑工作,更是让他对出版和写作有了更深的了解,得到了更为直接的训练。

在这些经历和磨炼中,他的能力得到了极大的提升。后来他受雇于一家报社,以通讯员的身份去夏威夷采访,回来后所写的报道引起了轰动,从此他开始以马克·吐温为笔名从事创作活动。"马克·吐温"的意思是"12英尺深",指水的深度足以使航船通行无阻。也许在内心深处,历经波折、已经32岁的马克·吐温希望自己从此在成功之路上畅行无阻吧。

果不其然,虽然起步晚,但由于支点找得准确,加之厚积薄发,马克·吐温一举成名。1865年,他的幽默故事《卡拉韦拉斯县驰名的跳蛙》发表,他也因此成为闻名全国的幽默大师。后来,他又先后发表了以密西西比河为背景的《密西西比河上》《汤姆·索亚历险记》《哈克贝里·费恩历险记》,以及以西部生活为背景的《艰难岁月》等。直到他75岁离世时,他共发表了48部作品,题材涉及小说、剧本、散文、诗歌各个方面,可以说是一位多产的作家。而他之所以能达到这样的成就,不得不说，与他找到的成功支点有着极大的关系。

这一点，也可以从他后来试图进军商业，进行投资，最后却惨败而归中得到证明。当初，马克·吐温在创作上获得成功后，看着自己作品的出版收入大部分落入出版商的腰包，而自己只能拿到其中的1/10，他的内心愤愤不平，于是决心自己做出版商，出版自己的作品。结果这个支点找的并不准确。出版公司开办后，由于马克·吐温和直接负责经营的人均是门外汉，同时双方在经营管理上存在着巨大的分歧，最终公司勉强维持了10年，于1894年的经济危机中彻底倒闭。马克·吐温为此背上9.4万美元的债务。

为了还债，他开始寻找第三个支点——股票投资，试图以最快速的方式获得足够多的金钱。然而，这个支点同样是失败的，可谓屡战屡败，屡炒屡输，最终成功地将家里的钱都亏光了！后来，他不得不过了9年的环球流浪生活，到世界各地写作和演讲，用获得的收入偿还债务。

因此，马克·吐温的经历可以说相当成功地证明了瓦拉赫效应，也就是准确的支点对于成功的重要性。而要找到这个支点，一方面要准确地认清自己，另一方面还要能够为了成功奋斗和努力。须知，只有诚实的劳动，才能让个体在成功之路上越走越远。

鸟笼效应

传奇作家的文学之路

美国黑种人作家亚历克斯·哈利（Alex·Haley）用他的成功证明了瓦拉赫效应的同时，也提醒我们，找准了支点，还要及时行动，方能获得成功。

亚历克斯·哈利的全名是亚历克斯·玛瑞·帕尔默·哈利（Alexander Murray Palmer Haley）。这位非洲裔的美国作家出生于美国纽约的伊萨卡。5岁前，他一直和家人生活在田纳西的亨宁，5岁后，哈利和家人才回到伊萨卡。

哈利的父亲西蒙·哈利是阿拉巴马农工大学的农学教授，母亲是伯莎·乔治·哈利，可以说，哈利的家庭具有非洲血统、曼丁卡血统、切罗基血统、苏格兰血统和苏格兰爱尔兰血统。哈利的成长深受父亲的影响。老哈利虽然是农学教授，但年轻时曾经参加过第一次世界大战。哈利深深以父亲为荣，且以父亲为榜样，从小就设定了自己的人生目标。

15岁时，哈利成为密西西比州的黑种人学院阿尔科恩州立大学的学生。但是他不喜欢这个学校，于是次年转入北卡罗来纳州伊丽莎白市的伊丽莎白市州立学院学习。两年后，他擅自辍学回到家中。这让父亲意识到，在哈利的成长过程中，自己给予了太多的自由，却忽视了要给予其纪律的约束。于是，在哈利18岁这年，他做通了哈利的工作，让他去参军。就这样，1939年5月24日，哈利开始了他在美国海岸警卫队长达20年的职业生涯。

入伍后，哈利先是在部队食堂工作，后来因表现优异而晋升为三等士官。在种族歧视严重的年代，这是当时为数不多的对黑种人开放的评级之一，足见哈利在军队中的表现。第二次世界大战期间，哈利所在的部队在太平洋战区作战，他则以军队膳食供应管理人员的身份参战。长期生活在军舰上，远离故国征战，让哈利与他的战友们倍感无聊。休息时，哈利开始回想自己从出生到成长中经历的一些事情，并将它们写下来。

长期的海上生活，让血气方刚的水兵们内心感到极度寂寞的同时，更加思念自己的家人、恋人。当战友们发现哈利私下里写些小故事的时候，他们就付钱请哈利帮着给国内的女朋友写情书。现在看来，哈利的文笔正是在这样的小故事和代写一封一封的情书中锻炼出来的。这应该就是他的创作的开端。

在不断地写作中，哈利排遣了寂寞，以及因不可避免的种族歧视造成的伤害，更重要的是，他发现了自己对文学创作的兴趣。于是他为自己订立了一个目标：用两到三年的时间写一本长篇小说。为了实现这个目标，他马上行动起来。每天晚上，当战友们都去娱乐后，哈利就躲在房间里写自己的小故事。8年后，他的作品终于首次出现在杂志上。尽管这只是一个小小的"豆腐块"，且稿酬仅为100美元，但是却让哈利看到了希望，也让他发现了自己潜在的能力。他因此更加坚定信心，立志成为一名作家。

哈利牢记着自己的志向，第二次世界大战一结束，他马上向美国海岸警卫队申请，请求转入新闻领域，做一名新闻工作者，从而正式开启作家梦。到1949年时，哈利已经成为一名记者。

1959年，在服役20年后，哈利以上士的身份从水警部队退役。他是水警部队有史以来的第一位首席记者，这也充分证明了他的文学才华。

从美国海岸警卫队退休后，哈利仍旧不停地写作，靠为一些报刊撰写文章为生。不过，虽然他不停地写作，但稿费并没多少，生活自然越来越窘迫，甚至有时连买一个面包的钱都没有。有朋友看到他的处境，就为他介绍了一份收入稍高的政府部门的工作，但哈利知道，要成为一名作家，就必须不停地写作，因此，为了自己的作家梦，他甘守清贫，拒绝了朋友善意的帮助。

功夫不负有心人，终于，哈利的才华被《读者文摘》杂志的负责人发现，并被聘请为高级编辑。于是，哈利得以将自己一直关注的黑裔群体的历史和对生活经历的思考表达出来。他在这家杂志上发表的第一篇文章就是以自己的哥哥乔治的生活经历为素材撰写的,这是一篇介绍第一批黑种人学生在南方法学院的奋斗历程的文章。

记者的工作经历培养了他作为一名新闻人的敏锐的视角,写作能力的提升,更让他得以将自己的发现和感受传达给公众。后来,在为不同的杂志供稿期间,哈利更加深刻地感受到了身为黑色人种的内心迷茫,他将这种迷茫与自己的作家梦结合起来,将追寻自己的种族的起源和历史作为自己的目标。

1965年,哈利与他人合作撰写了黑种人领袖马尔科姆·艾克斯的传记——《马尔科姆十世自传》(*The Autobiography of Malcolm X.*)。这本书一经出版,就进入畅销书排行榜,到1977年,这本书已售出600万册,被《时代》杂志评为20世纪最具影响力的10本非小说类书籍之一。哈利终于实现了他的作家梦。

不过,哈利的梦想之路并没有停止。在写作《马尔科姆十世自传》的过程中,哈利产生了要了解自己种族的起源和历史的强烈欲望。在这种强烈欲望的驱使下,哈利开始了关于冈比亚口头传说的调查研究。在调查研究中,他发现自己的家族可追溯到七代之前的一个非洲人,自己则是1767年被运到安纳波利斯的黑种人的后裔。为此,哈利决定写一写黑种人的历史,也想借此强调,美国黑种人有着悠久的历史,并非所有的历史必然会丢失。就这样,他以大量史实为基础,同时增补了一些细节,用了整

鸟笼效应

整12年的时间,忍受了常人难以承受的艰难困苦,不停地写作,甚至写到手指变形,视力下降,最终于1976年完成了长篇家史小说——《根》。

《根》的发表引发了公众对家谱的极大兴趣,一经出版就引起了巨大轰动,仅在美国就发行了160万册精装版和370万册平装版。1977年,哈利因这部作品获得了普利策特别奖。同年,《根》又被美国广播公司改编成同名的热门电视,其收视率达到了创纪录的1.3亿。哈利的个人收入一下子超过500万美元。

哈利认为,取得成功的唯一途径就是"立刻行动",即努力工作,并且对自己的目标深信不疑。因为世上并没有神奇的魔法可以将一个人一举推上成功之巅——一个人必须有理想和信心——遇到艰难险阻必须设法克服它。

因此,倘若你找到了人生支点,且坚定了信念,那就请立刻行动起来。在飞速运转的车轮中,你将获得必要的动力,进而实现你的人生目标。

推销之神发掘内在力量

找在到支点、实现人生价值的过程中,需要坚忍不拔的毅力,这种毅力需要个体能发掘内在的力量,如此才能让追求成功的过程成为一种享受，成为化茧成蝶的过程。号称日本推销之神的原一平，就是由于发掘了内在的力量，才能在保险这个支点上，成就其人生的辉煌。

1904年，原一平出生于日本长野县的一个乡绅之家。其父在村里德高望重，加之为人热心，因此担任若干要职，倍受村民敬重。作为家中的小儿子，原一平从小就受到父母的宠爱，这养成了他倔强的个性。入学后，他不但不爱读书，而且调皮捣蛋，喜欢捉弄人，甚至因此常与村里的孩子吵架、斗殴，更过分的是，他还用小刀刺伤了教育他的老师。

霸王一样的原一平根本不曾想到，从小顺风顺水的自己竟然在走上社会后遇到了诸多挫折。

23岁时，原一平离开家乡，到东京闯荡。结果第一份工作就遭遇挫折，不但工作无着落，而且对方还以保证金和会费的方式，骗走了他一笔不小的金钱。经过几年的痛苦折磨，原一平终于在明治保险公司获得了一份保险推销员的工作。

实际上，原一平的这份工作是用销售10000日元保险的承诺换来的，而且入职后他并非正式推销员，而是一名见习推销员，这就意味着，他在公司没有办公桌，没有薪水，还要时不时承担替老板跑腿的工作。不过，这并不能让原一平后退，因为此时他已经确立了成为一名优秀的保险推销员的目标。

为了兑现入职时的诺言，也为了证明自己不但能胜任，而且会是最好的那一个，原一平从此开始了奋斗之路。

由于是见习推销员，原一平的收入完全来自为顾客服务的佣金。刚走上推销岗位的头7个月，他没有得到一个顾客，自然也拿不到一分钱的佣金。没办法，他不得不步行上班，中午干脆不吃饭，晚上则将公园当作家，以长凳为床。不过，由于内心相信自己一定能成为最优秀的推销员，就算是如此艰苦的条件下，他依旧每天精神抖擞，甚至在凌晨5点左右徒步去上班的路上还轻松地吹着口哨，与人热情地打招呼。

他的这份乐观吸引了一位相当体面的绅士——一家大酒楼的老板。因为每天看到这个小伙子干劲十足，于是在一次好奇的谈话后，对方获知了原一平的真实情况，感动于这位年轻人强大的内心，他不但自己投保，还帮原一平介绍了不少客户。就这样，原一平终于开单了，有了佣金，不用再住公园了。

即便是机遇发生了改变，原一平也没有丝毫放松，因为他内心充满了对更大成功的渴望。为了不使自己有丝毫的松懈，他经常对着镜子，大声告诉自己："你是全世界独一无二的原一平，有超人的毅力和旺盛的斗志。"他不再让自己成为单纯的保险推销员，他要成为推销自己的人。

1936年，原一平成为公司排名第一的推销员，但他仍然狂热地工作着，并不止步。他为自己构想了一个大胆而又破格的推销计划：向日本大企业高层推销保险业务。他大胆地找到保险公司的董事长川田万藏，请对方为自己提供一份可以见到日本大企业高层的推荐信。

川田万藏先生不但是明治保险公司的董事长，而且是三菱银行的总裁、三菱总公司的理事长，是整个三菱财团名副其实的首脑。原一平的想法是如此大胆，一旦他获得成功，就可以让其经手的保险业务打入三菱财团和任何与三菱财团相关的最具代表性的日本每一家大企业。

然而，想法是美好的，现实却是如此残酷。原一平没想到，早在明治保险公司成立之初，公司就明文规定，任何一位从三菱来明治工作的高级人员都不能向他人介绍保险客户。身为董事长的川田万藏当然也不例外。原一平认为这一规定相当荒谬，甚至因此痛斥高高在上的董事长。没想到，原一平的无礼和大胆却获得了董事长的青睐和支援。

就这样，在川田万藏先生的巧妙帮助下，原一平一步一步实现了自己的宏伟计划，并在三年内创下了全日本第一的推销纪录。43岁后，他连续15年保持全国保险业推销冠军的荣誉，连续17年推销额达百万美元。1962年，日本政府特别授予他"四等旭日小绶勋章"。1964年1月，国际性权威机构国际美国

鸟笼效应

协会颁赠给他学院奖。明治保险也聘请他为终身理事、业内的最高顾问。

原一平用他的成功感染了众人,也证明了一个道理:个体的力量,主要源于其内在。在成功的路上,我们不但要善于找到支点,还要善于发掘自己内心的力量,如此一来,就可以做到无往而不利!

第六章

吉尔茨与内卷化效应

自我重复的心理陷阱

小到个人，大到社会，经常会出现这样的现象：长期从事某项工作或经营某项业务后，会在某一段时间内如同陷入泥潭中的汽车，无力前行，只有在原地踏步，无谓地耗费着能量，重复着简单的脚步，浪费着宝贵的人生。这种现象，就是心理学上的内卷化效应。

第一节　吉尔茨与内卷化效应

内卷化，人类群体的常态

内卷化，译自英文involution。这一单词源自拉丁语involutum，原意是"卷起来"。所谓内卷化效应，是指长期从事某一方面的工作，水平稳定，不断重复，进而自我懈怠，无渐进式的增长，无突变式的发展，从而导致对即将到来的变化缺乏任何准备，以致完全缺乏应变能力的现象。

内卷化这一概念，最早是由美国人类学家克利福德·詹姆斯·格尔茨（Clifford James Geertz）在其著作《农业内卷化：印度尼西亚的生态变化过程》（*Agricultural Involution: The Processes of Ecological Change in Indonesia*）一书中提出的。当时，格尔茨居住在爪哇岛，潜心研究当地的农耕生活。他眼中所见的全是犁耙收割，他看到当地人日复一日、年复一年地从事着原生态农业。这种农业让当地维持了田园景色的同时，也导致其经济发展和人们的生活水平长期停留在一种简单重复、没有进步的循环状态。

鸟笼效应

格尔茨将自己看到的这一现象，称为"内卷化"，用以指爪哇岛的农业，从殖民地时代和后殖民地时代以来长期原地不动，未曾发展，只是不断地重复简单的再生产，导致单位人均产值无法提升。

按格尔茨最初的定义，内卷化原本是指一种社会或文化模式在某一发展阶段达到一种确定的形式后，便停滞不前或无法转化为另一种高级模式的现象。后来，这一概念的使用范围不断扩大，逐渐演变到政治、经济、社会、文化和其他学术研究中。尤其是伴随着心理学的发展和研究，这一概念演变为一种心理效应，即个体或群体长期在一个简单层次上自我重复、毫无突破的状态。

内卷化状态，在我们的身边随处可见。某些个体长期在某一岗位工作，不仅薪酬职位没大的变化，而且个人能力也无任何提升，进而安于当下，不思进取；某些个体每天过着单一的生活，其行动轨迹单一，不曾发生改变，生活也没有任何变化，进而逐渐脱离社会，视野狭小；某些个体在工作多年后，相比同龄人，逐渐放弃梦想，原地踏步……总之，无论是怎样的表现形式，就其本质而言，内卷化通常是一种自我懈怠、自我消耗的状态。

习得性无助促成内卷化

内卷化现象在我们的身边比比皆是,甚至达到了全民内卷化的状态。那么,究竟为什么内卷化现象如此普遍呢?心理学的相关研究揭示了其中的原因——习得性无助。

所谓习得性无助,是指当个体受到接连不断的挫折时,在情感、认知和行为上表现出消极的心理状态。

1967年,美国心理学家马丁·塞利格曼用狗进行了一项经典实验。实验初期,狗被关在笼子里,伴随着蜂音器的响声,实验人员对狗施加电击。因为被关在笼子里,狗逃避不了电击,于是在笼子里狂奔,惊恐地哀叫。当实验进行多次后,就出现了每当蜂音器一响,狗就趴在地上惊恐地哀叫,而不是像最初那样狂奔的情况。一段时间后,实验者在给狗进行电击前,先将笼门打开,再对狗施以电击,然而狗却仍旧保持不逃避、倒地呻吟和颤抖的状态。这种在伤害面前丧失了逃避本能的无助和绝望的状态,就是习得性无助。

后来,塞利格曼又以大学生为对象重复了这一实验。大学生被分为A、B和C三组。A组学生听一种噪声,同时,必须保持噪声不断;B组学生也听相同的噪声,不过需要通过自己的努力让噪声停止;C组学生是对照组,不让他们听任何噪声。当这些

鸟笼效应

　　研究对象在各自的条件下实验一段时间后，他们接受手指穿梭箱实验。手指穿梭箱是一种实验装置，研究对象只需将手指放在穿梭箱的一侧，就能听到一种强烈的噪声；相反，将手指放在另一侧时就听不到这种噪声。

　　实验结果表明，能通过个人努力让噪声停止的B组和没有听到噪声的C组，在手指穿梭箱的实验中，一旦听到噪声就会及时将手指移到箱子的另一边使噪声停止。而在第一次实验中，无论怎样努力都不能使噪声停止的A组，则无视噪声的影响，始终让自己的手指停留在原来的地方，不曾主动移到箱子的另一边使噪声停止。

　　以动物和人为对象的习得性无助实验均表明，如果个体长期处于某一种状态，一旦发现无论自己如何努力，最终都以失败告终时，就会觉得自己把控不了面临的局面，其意志力很可能会瓦解，放弃希望和努力，甚至陷入一种绝望的状态。

　　内卷化效应的产生，就是基于习得性无助的这种心理状态。那些长期处于一个岗位，进而不思进取的个体，他们之所以如此，或是由于已经习惯于当下的状态，丧失了改变的动力；或是因为在试图改变的历程中遭遇了一连串的失败，进而丧失了自信心。基于这些原因，这些个体就选择了躲进自认为的舒适区，自设樊篱，将自己困于当下，进而形成内卷化。

当个体长期处于舒适区时，他们就会慢慢丧失进取心，其内在的不确定、匮乏和脆弱都会降到最低，认为自己已经拥有足够的爱、食物、才能、时间，也获得了足够多的欣赏，感受到自己的控制力。但实际上，这是一种花盆效应的状态，个体一旦陷入其中，就不再花费时间提升自己，其成长与见识就会永远停留在原来的那块区域里，也就是出现了内卷化现象。

内卷化就如同一个黑洞，会吸干个体的激情和勇气，使个体长期原地踏步，最终丧失信心和对工作及生活的热情，甚至会导致个体精神抑郁，以致一些个体因为自控力不足，做出一些极端行为。个体应该如何防止内卷化现象的不良影响呢？这就需要我们不断提升自己的思辨力，即能正确认识当下的情况，提前做好准备，未雨绸缪。

思辨力，即洞察事实真相和思考分析的能力。它的高低，决定着个体能否清醒地认识现实世界，清醒地认识自己。个体一旦具备了思辨力，就可以成为一个能独立思考、有价值判断的人，就具备了发展潜能，就能在复杂性与冲突挑战中独立做出判断，不会随波逐流，也不会固守偏执，能更好地理解生活的本质。为此，个体需要让自己保持好奇心和积极的心态，试着以探究的目光看待世界，以开放的心态接触人与事，学会凡事多问几个"为什么"，让自己不被个人的狭小世界所囿，能用自己的思维思考问题，能清楚地认知自己，分析自己的行为举止，甚至情绪背后的情绪，进而掌控自己的人生。

"田园牧歌"生活的审视者

格尔茨被誉为"三十年来……美国唯一最有影响力的文化人类学家"，他跳出爪哇岛的"田园牧歌"式的生活，发现了问题的本质，提出内卷化概念。从此，人类对个体精神状态获得了更深一步的认识。

1926年8月23日，格尔茨出生于美国的旧金山。成年后，正好赶上第二次世界大战爆发，于是格尔茨应召入伍，成为美国海军中的一员。第二次世界大战结束后，格尔茨进入安提俄克学院学习哲学，并获得哲学学士学位。此后，他又进入哈佛大学继续深造，学习社会关系学。

1956年，从哈佛大学毕业后，格尔茨参与了由塔尔科特·帕森斯领导的跨学科项目，开始接受成为人类学家的培训。培训结束后，他开始了成为一名人类学家的研究工作。

格尔茨的首次考察地就是印度尼西亚的爪哇岛。他和妻子希尔德雷德·格尔茨（Hildred Geertz）在那里长期进行实地考察。有两年半的时间，他们和一个铁路工人家庭住在一起，研究这个偏远小镇的居民的宗教生活。此次考察结束后，他完成了自己的学士论文。后来，他又继续到印度尼西亚的巴厘岛和苏门答腊岛进行考察，由此完成了自己的博士论文《毛基库斗的宗教：复杂社会中的仪式信仰研究》。

取得博士学位后，格尔茨深厚的理论知识和实践研究，使得他能够承担起高等学校的教学工作。于是，他先后受聘于多所学校任教。在教学的同时，他仍旧持续关注着印度尼西亚的爪哇岛和巴厘岛，并陆续出版了《爪哇宗教》（1960年）、《农业内卷化：印度尼西亚的生态变化过程》和《小贩与王子》（1963年）。正是在《农业内卷化：印度尼西亚的生态变化过程》一书中，他首次提出了内卷化的概念。

20世纪60年代中期之后，格尔茨受聘到芝加哥大学任教，同时继续进行人类学的相关学术研究。不过，此时他开始改变自己的研究方向，将研究地点改为摩洛哥，并将其与此前研究的印度尼西亚进行比较。在这样的比较研究中，他发表了《伊斯兰观察》（1968年）等作品。1970年，格尔茨离开芝加哥，前往新泽西州普林斯顿高等研究所就任社会科学教授一职，直至退休。

格尔茨一生都在从事社会和文化理论研究，并为之做出了相应的贡献。他的研究在将人类学转向关注不同民族生活的意义框架方面极具影响力。同时，他反思了人类学的基本核心概念，如

鸟笼效应

文化和民族。格尔茨因其研究成果，获得了大约15所学院和大学的荣誉博士学位，其中包括世界知名学府哈佛大学、剑桥大学和芝加哥大学。他还获得了亚洲研究协会（AAS）1987年颁发的亚洲研究杰出贡献奖等奖项。

第二节　活出自己，方能战胜内卷化

松下幸之助：不困守于当下

个体之所以表现出内卷化，大多是因为用内在或外在的"我不行"来躲避成功。这种习得性无助，使得个体怯于成功，畏于改变，最终浪费了自己的才华或潜能。个体要克服内卷化，就要活出自己，克服仅经过几次尝试，或遭遇几次挫折后，便认为自己只有那么一点儿水平和能力的障碍。

作为20世纪著名的实业家、发明家，松下幸之助的名字随着松下电器一直被人们铭记和传颂。而松下幸之助的一生，可谓是战胜内卷化对自己的影响的实证。

松下幸之助出生于19世纪末的一个小康之家。因为是家中最小的孩子，因此极受父母宠爱。儿时的松下幸之助是在奶奶、妈妈的背上和游戏中长大的。但在父亲的投机买卖失败后，全家不得不离开祖辈居住地，前往异地谋生。

虽然家道中落，让他不能再享受那种单纯的幸福与快乐，但伴随着父亲的木屐店从开始到关闭,眼看着家计日益维艰,辍学工作的大哥、二哥、二姐又先后病逝,不谙世事的松下幸之助在一步步成长的过程中也不得不分担家中的重担。四年级时,9岁的松下幸之助辍学到了大阪,开始了学徒生涯。在做学徒的五六年间,松下幸之助对每一行都充满了好奇心和学习力,由此养成了敏锐的商业触觉。到了十五六岁时,松下幸之助发现大阪的电灯、洋房的数量在扩大,意识到日本在向工业化发展,自己要获得更好的发展,不能因为老板对自己好、工作安逸就安于做一个店铺的小伙计,一定要进入现代化的大工厂。

经过一番筹谋,松下幸之助得到了进入大阪电灯股份有限公司做见习生的机会。不过,从接到通知到正式入职还有一段时间,15岁的松下幸之助没有在家中等待,而是进入一家新创立不久的水泥公司做临时工。短短三个月的工作让少年松下幸之助特别劳累,但他的内心却是充实的,因为他看到了更多新鲜的人和事,获得了更加深刻的体验,以至于当他终于进入大阪电灯公司后,对于这份工作格外用心努力。

做见习生的初期,松下幸之助和同事们一样,对"电"这个新鲜事物充满了畏惧感。不过,松下幸之助更多的是好奇,于是在做配线员的助手期间,尽管拉着装满了配件的沉重的手推车,他仍旧努力睁大双眼,观察着配线员的工作,了解这个未知的世界。仅仅一两个月,他就熟悉了配线工作,三个月后就成了正式技工。

16岁的松下幸之助并没有因为自己成为技工,身边也配有助手而忘乎所以,他想走得更快一些,知道的和会的更多一些。正是因为这个原因,他学技术总是相当快,也因此得以和同事共同承担了公司承包的电线工程。承包公司的经历为松下幸之助后来成立自己的公司打下了良好的基础。当他以检查员的身份,到客户处巡视技工的工作时,他从不放松学习,始终保持着对知识的好奇心。闲暇时,他坚持着做技工时的探索,进一步研究电灯插座的改良设计问题,并在获得初步的成功时,积极向公司建言。即使他的建言遭到保守的领导的打击,他仍然不改初心,不安于检查员这个相当安逸且受尊重的职位,而是决定辞职,为自己开辟一片更广阔的天地。这或许很艰难,但却从此改变了他的命运。

辞职后,松下幸之助开始了自己看好的电灯插座业务。他拿出自己所有的积蓄——100日元,和两位关系极好的同事合作,开办了自己的公司。起步阶段当然不容易,因为资金不够,松下幸之助和朋友们凡事都要亲力亲为,发了疯似的拼命工作。在经历了初创产品无销路,到革新产品供不应求,公司一步一步发展壮大起来。

鸟笼效应

　　松下幸之助拥有宽广的胸怀，他认识到，彼此信任是激发下属的动力，也是企业发展的重要因素，因此对下属充分信任。从下属进公司的第一天起，他就将技术秘密倾囊相授，公司也因此进入了发展的快车道。在提升管理的同时，松下幸之助更认识到产品不能墨守成规，通过不断革新，公司发明了双灯用插座。在拥有自己的工厂的同时，有了自己的经销商，产品的销路也进一步扩大，而且建立了自己的销售网，产品销到了东京等大城市。

　　随着公司的声誉日盛，已经27岁的松下幸之助感到肩头的担子越来越重。他开始思考扩大经营，让松下幸之助电器迈出传统"积极主义"的第一步。思想的解放，加之大胆的设想，1929年后，松下幸之助公司不仅制造开关插座，而且开始制造电灯，继而是家用电器，产品类型变得丰富起来。松下幸之助的思维也变得越来越开阔，他不满足于国内市场，开始将目光投向了更广大的空间——美国。1951年，松下幸之助让松下电器的Panasonic打开了美国市场。Panasonic的产品线相当丰富，囊括了DVD播放机、DV数字摄影机、MP3播放器、数码相机、液晶电视、笔记本电脑等电子产品，以及电子零件、电工零件（如插座盖板）、半导体等。由此，松下幸之助公司的产值开始了突破性的增长。

　　2008年10月1日，松下公司正式由松下电器产业更名为

Panasonic，松下电器深入人心，松下幸之助也因此成为全球著名的企业家。1965年，松下幸之助获得日本天皇授予的"二等旭日重光勋章"，次年获得全国382家经销商合赠的一座"天马行空像"，而松下公司也在其指导下，发展成为以创意提高生产，以技术开发新产品的世界上最优秀的公司之一。

1989年4月27日上午10点6分，名誉海内外的松下幸之助因支气管肺炎在大阪府守口市的松下纪念医院去世，享年94岁。

回顾松下幸之助的成功历程，我们在感叹他一生的奋斗经历和优秀的经营管理才能，以及世人瞩目的业绩的同时，不能不说在他无比辉煌的荣誉背后，是他不困守于当下，能克服内卷化效应的影响，勇敢地战胜舒适圈影响的精神。正是由于敢于在风口浪尖上考验自己，总是对外界保持着一颗好奇和进取之心，他才获得了不断的前行动力，能承受失败，也能面对成功，最终取得了别人无法想象的成功。

托马斯·J. 华特森：思考成就人生

在全世界IBM管理人员的桌上，都摆着一块金属板，上面写着"Think"（思考）。这个单词的背后，是IBM创始人托马斯·J.沃森（Thomas J. Watson）的思想精粹，也是他战胜内卷

鸟笼效应

化效应的秘诀的高度概括。

1874年7月,沃森出生于纽约州坎贝尔市的一个苏格兰移民家庭。他的父亲经营着一家规模不大的木材企业,但家庭并不富裕。托马斯从小就在自己家的农场工作,因此继承了正直、踏实、认真、乐观、崇尚个人奋斗等美国农民的优秀品质,以及愿意深入思考问题的特点。入学后,他先是在纽约第五区学校读书,后进入纽约艾迪生学院学习。

大学毕业后,他找到了一份教书的工作。不过,仅仅工作了一天,他就放弃了这份工作。因为经过思考,他发现这份工作虽然安稳但相当枯燥,并不适合自己;相反,竞争激烈的商业活动更适合自己。于是他选择进入埃尔米拉的米勒商学院,学习会计和商业课程。

1891年,离开学校的沃森,重新开始了自己的工作历程。他先是从事周薪6美元的市场簿记员工作。一年后,在积累了相关经验后,他做起了旅行推销员工作,开始兜售风琴和钢琴。首份销售工作,虽然让他拿到了每周10美元的报酬,但收入的增加,反而让他开始认真地思考当下的工作。他发现,如果自己做代理,每周则可以拿到70美元的报酬。巨大的收入差距让他意识到,固守于当下的工作,自己的收入不会发生大的变化,只有去更大的空间,才能找到更大的舞台,也才能获得更多的收入。

于是，他离开自己熟悉的环境，去了陌生的城市布法罗。

虽然布法罗是一个陌生的城市，但是沃森很快就熟悉了，而且开始替惠勒和威尔逊销售缝纫机。不过，命运之神好像刻意在考验他，一次去路边的一家酒馆喝酒的时候，满载着样品的马车和马都被偷了，他不但失去了这份工作，而且还得为丢失的样品付费。随后，他用了一年多的时间才找到另一份稳定的工作。

经过此事，沃森深刻地认识到喝酒误事。从此，他不但远离酒精，甚至在多年后成为IBM的总裁后，也严格禁酒，不但包括自己，而且在公司内部推行禁酒令，即便是工作之外也绝对禁止。

沃森接着找到了一份销售股票的工作。股票是一个叫巴伦的人提供的，此人以表演闻名。然而沃森再次遭到了打击——巴伦带着佣金和贷款潜逃了。后来，沃森干脆自己开了一家肉店，不过因为没有资金支持，肉店很快倒闭了。此时的沃森似乎陷入了绝境，没有钱，没有投资，也没有工作，而且还要还贷款——肉店里新购置的NCR（National Cash Register Company）收银机的贷款，他必须将款项分期付给肉店的新老板。

为了还贷款，他去了NCR公司。机遇就此降临到了他的头上。在这里，他遇到了约翰·帕特森，对方为他提供了一份工作，于是他成为这家公司的一名销售学徒，直接接受约翰·帕特森的领导。

NCR在约翰·帕特森的领导下，创设了领先的销售团队，而沃森在这里的所见所想，让他再次深刻地认识到自己要学的东西太多了。于是，他将NCR布法罗分公司经理约翰·J.兰奇作为自己的榜样，甚至将其一言一行当成模板，夸张地说，他甚至将对方当成了自己的父亲。就这样，沃森形成了兰奇式的销售和管理风格。1952年，沃森在接受采访时说自己从兰奇身上学到的东西比任何人都多。

在兰奇的引导下，他从一个差劲的推销员，发展为东部最成功的推销员，可以拿到100美元的周薪。四年后，沃森成为NCR驻纽约州罗切斯特分公司的负责人。作为负责人，他可以拿到销售总额35%的佣金，而且拥有直接向NCR的二把手休·查默斯（Hugh Chalmers）汇报的权力。广阔的发展前景激励着沃森，他那从小形成的踏实、认真的品质和勤于思考的特质，完全被激发了。仅用四年的时间，他不但发展了自己的能力和势力，还击败了对手，使NCR成为实际上罗切斯特的垄断企业。沃森也因此被召到了位于俄亥俄州代顿的NCR总部工作。

1914年5月1日，沃森接受美国华尔街金融投资家查尔斯·兰利特·弗林特（Charles Ranlett Flint）的邀请，成为霍列瑞斯的制表机公司，即CTR公司的总经理，领导五家分公司、1300名员工。11个月后，他被任命为总裁。四年内，他让公司的利润翻了一番，达到900万美元。

1924年，沃森将CTR更名为国际商业机器公司（International Business Machines Corporation），即IBM，并立志要将其打造成一家具有统治地位的公司。沃森始终保持着深入思考的习惯，甚至要求IBM公司也要形成思考氛围。

在一次主持销售会议时，因为会议已持续将近一天，会场上气氛沉闷，没人愿意再发言，甚至与会者逐渐表现出焦躁不安的状态。沃森看到这一切，在黑板上写了一个大大的"Think"，然后告诉大家："我们共同缺的是对每一个问题充分地去思考，别忘了，我们都是靠大脑赚得薪水的。"一句话，让在场的人陷入深思中。从此，"Think"也就成了华特森和IBM公司的座右铭。

正是由于沃森始终保持着对周遭事物的兴趣，尤其在外交和商业方面的兴趣，使得他能敏锐地观察和深入思考，凡事能做出清醒的判断。正是由于他的这一特点，他成为罗斯福总统在纽约的非正式大使，经常出场招待外国的政治家。

1937年，他在成为国际商会（ICC）主席后，于柏林举行的两年一度的大会上，提出了以"通过世界贸易实现世界和平"为主题的口号，而这也成为国际商会和IBM的口号。1956年，当沃森去世时，IBM的市值达到了8.97亿美元，公司员工达

鸟笼效应

72500名。

　　沃森的成功，与其深入的思考能力有着极其密切的关系。须知，当思考与目标、毅力以及获取财富的炽烈欲望结合在一起时，思考便具有了强有力的力量。这种强大的力量，可以为个体的发展提供更大的空间，也让个体能突破内卷化效应的影响，开拓更大的空间，获得更大的成就。

Part 07 第七章

莫顿和马太效应

自我耗损的心理陷阱

社会上存在着一些相当普遍的现象：富有的人看似没做什么事情，却越来越富有；贫穷的人不管如何努力地工作，却始终无法摆脱贫穷；有的女孩在恋爱过程中，总是与品行差的男人相遇；有的女孩明明毫不用心，却总遇到男孩为其投入全部身心……实际上，这个现象并不奇怪，它只是马太效应在现实生活中的反映。

第一节　罗伯特·莫顿与马太效应

强者恒强，弱者恒弱

什么是马太效应？它是社会心理学家对某种心理学现象的总结，最早源自《新约·马太福音》中的一个故事。

很久以前，一位国王有三个仆人。一天，他将远行，于是把自己的三个仆人招来跟前，给每个仆人一锭银子，让他们在自己外出的这段时间，以此为本钱外出做生意。国王还对这三个仆人承诺，他回来后将依据他们取得的成绩，给予相应的奖励。说完国王就走了，而三个仆人也带着各自手中的本钱外出经商。

一段时间后，国王回来了。随后，三个仆人先后来向他汇报自己的成绩。第一个仆人上交给国王的是包括本金在内的11个银锭，国王特别高兴，依据他的利润，奖励他10座城邑。第二个仆人连同本金上交给国王6个银锭，于是国王就奖励给他5座城邑。而第三个仆人只交给了国王一个银锭。国王很奇怪，遂询问原因。这个仆人说，自己领到银锭后，担心丢失，就一直用头巾包好，牢牢地放在手中。国王看着这个仆人，很久没说话，随后他命令这个仆人将手中的银锭交给第一个仆人，然后说了一句话："凡是少的，就连他所有的也要夺过来；凡是多的，还要给他，叫他多多益善。"

1968年，美国科学史研究者罗伯特·K.莫顿（Robert K. Merton）依据这一故事，提出一个术语——马太效应，以此概括一种社会心理现象，即相对于那些不知名的研究者，就算是获得了相似的成就，那些声名显赫的科学家一般也会得到更多的声望。同样地，在同一个项目上，那些已经出名的研究者通常更能获得声誉。于是研究成果越多的人往往越出名，越有名望的人获得的成果越多，最后就形成了学术权威。

这一心理效应揭示了社会中，尤其是经济领域内一个广泛存在的现象：强者恒强，弱者恒弱。从心理学角度来看，这一现象之所以产生，是因为心理暗示。

心理暗示是指人接受他人的愿望、观念、情绪、判断、态度等外界影响的倾向性。作为人类最简单、最典型的条件反射，暗示是一种被主观意愿肯定的假设。受暗示性是人类在漫长的进化过程中，形成的一种无意识的自我保护能力和学习能力。从暗示的来源看，心理暗示可以分为自我暗示和他暗示两种。

当个体用含蓄、间接的方式对他人的心理和行为施加影响，使对方按自己期望的方式去行动或接受一定的意见，进而从思想、行为上和自己的意愿相符合时，这就是他暗示在发挥着作用。当然了，他暗示不仅来自人，也来自环境。

当个体处于一个陌生、危险的环境中时，个体就会依据从前的经验，根据所处环境中发现的蛛丝马迹，做出迅速的决断。可以说，这种决断就是基于个体从前的经历内在而成的主观经验。换句话说，就是个体受到了自己潜在的主观意识的暗示。正是这种潜在意识的暗示，使个体在不知不觉中学习，从而被环境同化。这种暗示，就是来自个体内在的自我暗示。

由此可知，生活在世间的个体，无论何时何地均处于被暗示中。在现实工作中，当个体遇到问题时，倘若他人给予积极的心理暗示，如"你可以""你能行""你做起来没问题"等，接收到这个暗示的个体就会对自己信心倍增，从而在潜意识中认定自己可以完成这件事情，进而在这种良好的心理暗示下获得成功；反之，如果个体接受的是消极的心理暗示，比如"你不行""你会失败"等，就极易产生消极心理，丧失工作的积极性和主动性，进而丧失信心，做事时自然招致失败。

由此可知，他暗示和自我暗示常常融合在一起。个体接受的他暗示，在一定程度上影响了自我暗示。也就是说，自我暗示是在他暗示的基础上形成的。当他人运用语言、行为对我们施加暗示时，这些暗示就会被我们的潜意识记录下来，深藏于内心深处，一旦遇到特定的情境，这些信息就会对我们产生影响，从而影响着我们做事的态度、行为和方式，进而影响最终的结果。这也是有的人总能获得成功，有的人则总是招致失败的原因。

刻板印象的引导

他暗示和自我暗示的存在，也导致刻板印象的形成。何为刻板印象？刻板印象，又称为定型化效应，主要是指个体在长期工作和生活中形成的对某个事物或物体的概括而固定的看法，且将这种观点和看法推而广之，进而认为同一类事物或物体均具有相似特征，却忽视了个体之间存在的差异。

刻板印象既有积极的一面，也有消极的一面。积极的一面表现为可以帮助个体提升做事的效率，节省时间。原因是个体能借助刻板印象获取具有共性特征的信息，用以判断相似的人或事物，从而无须经过探索就可以得出结论。这也是优秀的人会更优秀，富有的人会更富有的原因。一方面，他们长期以来形成的自我暗示，认定自己一定会成功，一定会更富有；另一方面，来自他暗示，如"他来做，一定能成功""他资本雄厚，一定可以成功"等暗示，让他们获得了更多的积极暗示，进而产生一系列的良性反应，促成成功的人更成功，富有的人更富有。即便是偶然失败，无论是自身还是他人，都将其看作是常见的失误，并不影响他们在人们心中的印象。

消极的一面表现为个体基于内在的某种信息在对事物进行判断时，因为忽略个体差异，一味地以主观印象看待人或物，进而因为差异性的影响，做出错误的判断，从而影响后续事情的处理。比如因为刻板印象的消极影响，对他人做出错误的判断，进而对对方产生偏见、歧视。如失败或贫穷的个体，可能其某方面的能力和素质非常优秀，但因为消极的自我暗示的存在，认为自己很难成功或富有。同时，他人也因受刻板印象的影响，认为他们不能成功，不会富有。久而久之，这种刻板印象就导致个体再度出现失败，再度陷入贫穷。

由此可知，基于心理暗示和刻板印象的马太效应，同样既有消极作用，又有积极作用。其消极作用体现在个体因为长期处于成功或失败的境地，不能清晰地认识自己，或因此失去理智而居功自傲，招致非难和妒忌；或因无人问津、屡遭挫折而失去信心，进而在人生的道路上跌跌头或一蹶不振。其积极作用在于，个体因此对自身获得的成功或失败，能持清醒的态度，正确看待得失，于成功时不忘我，于失败时不沮丧，而且能自我反思，注意发挥自己的优势，让优势成为自己强势的依靠，进而不断奋斗，最终取得超越自己或他人的成果，获得成功。

科学社会学的奠基人

广泛存在于社会上的马太效应，对人类的经济、文化等诸多方面，均产生了巨大的影响。而它的提出者，罗伯特·莫顿（Robert King Merton），更是一位站在巨人肩膀上获得成功的社会学家，也是现代社会学的奠基人。

1910年7月4日，罗伯特·莫顿，原名迈耶·罗伯特·施科尼克（Meyer Robert Schkolnick），出生于美国费城的一个俄罗斯犹太人家庭。他的母亲艾达·拉索夫斯卡娅是一位没有犹太血统的社会主义者，思想激进，极富同情心，父亲亚伦·施科尔尼科夫是一名裁缝，经营着一间乳制品店。由于经济拮据，他的父亲没有为自己的乳制品店上保险，结果在一场火灾后，原本艰难的家庭雪上加霜。无奈之下，他的父亲不得不做木匠的助手来养家。

正是由于家境清贫，莫顿比别人更注意抓住机会。在南费城高中上学时，他经常到附近的那些免费的文化和教育场所参观，也因此得以接触和了解安德鲁·卡内基图书馆、音乐学院、中央图书馆和艺术博物馆，由此培养了他的人文素养。这使得他虽然没能拥有当时成长于费城南部的年轻人所普遍拥有的社会资本、文化资本和人际资源,却获得了公共资本。

莫顿生性好学,而且不因为自己出身贫寒而否定自己。他利用每一个机会来提升自己的能力。当他从姐姐的男友那里了解到魔术的神奇时,顿时产生了浓厚的兴趣。他不但学习魔术表演,还为自己取了一个"莫顿"的姓氏,以进一步"美国化"其移民姓氏。他还从现代魔术师之父、19世纪的法国魔术师让·尤金·罗伯特·霍丁的名字中,选取了"罗伯特"为自己的名字。于是,他的艺名就成了"罗伯特·莫顿"。在后来获得坦普尔大学的奖学金时,他索性将这个名字作为自己的个人名字。

高中毕业后,莫顿进入费城坦普尔大学,选择社会学专业学习。四年的大学生活中,他担任社会学家乔治·E.辛普森的研究助理,并在对方的指导下,参与一个关于种族和媒体的项目,从而拓宽了自己关于社会学的观点和结论,由此正式进入了社会学领域的研究。也是在辛普森的领导下,莫顿参加了美国社会学协会年会,认识了哈佛大学社会学系的创始主席皮特林·A.索罗金。大学毕业后,在索罗金的帮助下,他申请了哈佛大学的奖学金,进入了哈佛大学,做了索罗金的研究助理。在哈佛工作的第二年,他就开始和索罗金合作发表论文,展现了出色的才华与能力。到了第三年,他甚至能独立发表自己的文章。

1938年，莫顿获得社会学硕士和博士学位，从哈佛大学顺利毕业，并留校任教。1938年，他受聘为杜兰大学社会学系的教授和主任。同年，已经在业内享有一定名气的莫顿，出版了第一部著作《科学、技术与社会》，为他后来创建科学社会学打下了理论基础。1941年，莫顿加入哥伦比亚大学，从此在那里度过了五十年的教学生涯。他的相当多的学术成就，都是在哥伦比亚大学的任教生涯里取得的。

莫顿的一生，因其在社会学领域获得的成就，赢得了许多国家荣誉和国际荣誉：他是第一批当选为国家科学院的社会学家之一，也是首位当选为瑞典皇家科学院外籍院士和英国科学院院士的美国社会学家。1994年，因为在社会科学领域的诸多贡献，莫顿荣获美国国家科学奖，被誉为"科学社会学之父"。

第二节　成功需要由内到外的变化

量变到质变，收获成功

　　马太效应，一方面说明了强者更强，弱者更弱的道理；另一方面提示我们，无论是个体还是群体，要在某一方面取得成功与进步，都需要慢慢积累优势。伴随着时间的推移和优势的积淀，个体会越来越优秀，即便中间走低，甚至一度处于低潮，最终也会站在人生的最高点上。

　　德国著名女画家芙丽莎·班诺画过的素描人像并不少，但其中的一幅却给画家本人和观者留下了深刻的印象，因为这幅素描人像的主人就是"牧场化学家"雅各布斯·亨里克斯·范特霍夫。

　　1852年8月30日，范特霍夫出生于荷兰的鹿特丹。他的父亲老雅各布·亨里克斯·范特霍夫是一位医学博士。小时候，范特霍夫就对科学、自然、文学和艺术充满了兴趣，不但经常参加远足，甚至一度将诗人拜伦当作自己的偶像。然而，进入初中的范特霍夫竟然迷上了化学实验。实验室里各种变幻无穷的化学实验在他的眼里，真是太有趣了。看着实验发生的变化，他总想弄清楚其中的奥秘，总想自己动手做一做实验。

每次从化学实验室外的窗前走过时，范特霍夫都忍不住盯着里面那整整齐齐排列的实验器皿、一瓶瓶化学试剂，真想进去自己做个实验。一天，极度的渴望终于促使他做出了一个惊人的举动：偷偷溜进实验室，动手实验。于是，当他发现一扇或许是为了通风而忘记关闭的窗户时，短暂地犹豫后，范特霍夫纵身跳上了窗台，钻进了实验室。一进入实验室，他就忘记了一切，沉迷其中，不能自拔。

实验室的一切吸引着他，铁架台、玻璃器皿，以及实验中药品引起的反应。实验的成功更是让他发自内心地感到喜悦。然而，实验室的声音，还是被老师发现了，范特霍夫被抓了个正着。

就在范特霍夫正专心致志地做实验时，老师悄悄地绕到门口，将门打开。当范特霍夫被开门声惊醒时，他想逃走已经来不及了。尽管范特霍夫的这一举动是出于对化学知识的热爱，但违规行为及其背后潜藏的危险，还是让老师后怕不已。于是，他的父亲被请到学校。

得知儿子的"杰作"后，范特霍夫的父亲非常生气，但由于范特霍夫平时表现好，又勤奋好学、尊重老师，结果学校免了对他的处分。但范特霍夫的父亲却因此知道了儿子的兴趣爱好，也就放弃了让他成为一名律师的打算，转而积极支持他的兴趣。父亲特意将家中的一个房间腾出来，为他打造了一间化学实验室。从此，范特霍夫沉醉于自己的小天地，用父母给的零用钱和多渠道获得的"赞助"，一点一点购置了各种实验器具和药品，在课余时间专心做起了化学实验。

就读高中期间，范物霍夫仍坚持利用课余时间做各种化学实验，对化学实验的热爱不减反增。1869年，当他从鹿特丹的五年制高中毕业时，父亲问他将来要选择什么职业，范特霍夫表达了想学化学的志向。但父亲这次没有支持他，因为当时的人们并没将化学看作是一门专业，学化学的人也极难就业，更不用说用其维持生活了。失去了父亲的支持，范特霍夫不得不屈从于现实，进入荷兰泰夫特理工学院学习谋生的技术。

在泰夫特理工学院学习期间，范特霍夫仍然念念不忘自己喜爱的化学实验。幸运的是，理工学院开授化学学科，教授化学的奥德曼教授表现出来的清晰的推理和有序的阐述，进一步激发了范特霍夫对化学的兴趣。同时，在教授的指导下，范特霍夫获得了极大的进步，仅用了两年的时间就完成了三年的课程，于1871年7月8日通过期末考试并获得化学技术专家学位。范特霍夫提前一年毕业，也为此获得了进一步学习的机会。

鸟笼效应

　　看到范特霍夫为了化学如此用心，加之了解到范特霍夫对化学的执着，父母终于同意他学习化学。于是范特霍夫用这一年的时间进入莱顿大学学习化学。学习化学离不开扎实的理论知识，更离不开名师的指导，为此范特霍夫来到波恩，拜当时世界上著名的有机化学家弗雷德·凯库勒为师，开始了他的化学学习之路。在凯库勒的指导下，范特霍夫接受了有机化学的培训。

　　第二年，经凯库勒推荐，范特霍夫去了法国巴黎，向医学化学家武兹学习。1874年，范特霍夫学成回国，进入乌得勒支大学。同年，他提出了关于碳的正四面体构型，次年发表了《空间化学》一文，首次提出一个"不对称碳原子"的新概念，成功地揭示了"正四面体模型"，解释了旋光现象，以及非旋光异构现象，并获得爱德华·穆德博士学位。他的这一理论，如今被认为是立体化学的基础。

　　由于当时的人们并不看好化学，化学不能作为一种技能，也不能成为谋生的手段，所以纵然是博士的范特霍夫，也不得不于1877年到乌得勒支的兽医学校做教师，同时继续进行更为深入的化学研究。1878年，范特霍夫应邀成为阿姆斯特丹大学的教授。截止1896年，他先后在该校教过化学、矿物学、地质学，还集中精力研究了物理化学问题。他深入探索了化学热力学与化学亲合力、化学动力学和稀溶液的渗透压及有关规律等问题，并于1894年出版了专著《化学动力学研究》一书，对以上问题进行专门论述。

在世人看来，化学研究工作是如此无趣且无意义，因此范特霍夫的成就在当时并不为世人瞩目。50多岁的时候，为了生活，范特霍夫甚至要一边经营牧场，一边从事自己喜爱的化学实验与研究。当时，和其他牧场经营者一样，他养了许多牛。每天清晨，他要驱赶着马车，为居民送鲜奶。就是在这时候，画家芙丽莎·班诺利用他送牛奶的间隙为他画下了一幅素描人像。而原因就是每天送完牛奶后，范特霍夫都会忘记与画家的约定，一头钻入化学实验室不肯出来。

当芙丽莎·班诺画的那幅素描人像登出来后，当地人才知道，那个送牛奶的人就是著名的化学家范特霍夫。于是人们送给他一个充满敬意的名称——"牧场化学家"。

作为一名化学家，范特霍夫的成长是一步一步积累起来的。他在化学上的成就，更是从兴趣到研究的发展过程，这个过程反向证明了马太效应就是一个从量变到质变的过程。没有日复一日的化学实验，没有奥德曼教授的影响，没有凯库勒和武兹的指导，没有他自己深入的钻研和学习，也就没有后来的首届诺贝尔化学奖的获得者。

鸟笼效应

决不后退，曲折中成长

1991年1月16日，全世界的目光都投注于美国和伊拉克，因为开启海湾战争的沙漠风暴行动已经开始，美国开始空袭巴格达。空袭后3小时，巴格达对外通讯中断，全世界唯一的消息源是CNN的驻巴格达记者。此后的17个小时，CNN向全世界报道了巴格达遭受空袭的情况。因为这件事，CNN及其创办人特德·特纳（Ted Turner）被全世界记住，而特纳和他的CNN更是用这种方式告诉人们：即使到了世界末日，CNN也要现场直播那一刻。

特纳除了身为全美最大的有线电视新闻网CNN的创办者外，还担任美国在线时代华纳的副董事长，美国超级富豪……一系列的头衔，以及特纳决不后退的做事风格，证明了马太效应中强者更强的道理。

1938年11月19日，特纳出生于美国俄亥俄州西南部城市辛辛那提的一个富裕之家。他的父亲是罗伯特·爱德华·特纳二世（Robert Edward Turner II），一位百万富翁。然而，富裕的家庭并没让特纳享受随心所欲的生活，反而让他承受着更重的责任，接受着极其严厉的教育。因为特纳的父亲想让自己的孩子成为一个伟大的人，要让他在没有保障、严厉冷酷的环境中成长，在不断的自我怀疑中成长，进而明白"物竞天择，适者生存"的道理，从而在未来成就伟大的事业。

于是，年仅6岁的特纳就被父亲留在寄宿学校，眼巴巴地看着父亲携妻带女去海军服役。五年级时，特纳更是被父亲送到军事院校接受锻炼。在那里，特纳每个暑假都要参加田间劳作，获得的报酬一半用以支付食宿费用。这样的教育，尽管让特纳懂得了适者生存的道理，却不曾让他感受到温情和爱，反而让他被遗弃和不安的恐惧缠绕一生，从而养成极端和两面性的个性。因此，少年时期的特纳虽然在校表现优异，不但在辩论赛中获得冠军，而且在其他比赛和游戏中总是获胜，但这一切并不曾提升他的内在成就感。可以说，个子矮小的特纳那时是极度缺乏自信的。

成长的过程中，因为喜欢上了帆船等不需要很多力气的运动，在面临大学的选择时，特纳一度想去一所海边的大学学习，做一名帆船运动员。这种由着个人兴趣选择的志向，自然得不到父亲的支持。最终，他不得不按父亲的安排，选择了大学的经济学专业。但这种选择违背了特纳的内心，于是，进入大学后，他用一种另类的方式表达对父亲的反抗：不但不好好学习，还整日喝酒、打架。这样的结果就是他不得不退学。

退学后的特纳过了一段流浪生活。流浪的生活让他进一步认

鸟笼效应

识了世界，认清了前进需要的是什么，也让他在一定程度上理解了父亲的做法。最终，他选择回到父亲身边，从广告公司的推销员开始，一步一步做到经理。

经历了一番曲折成长过程的特纳，一步一步变得坚强起来。然而，还不等他强大到足以让父亲放心，那个教导特纳要坚强的父亲就因为公司债务过重，以自杀的方式离开了人世。突遭打击的特纳没有时间悲伤，他必须应对那些对公司虎视眈眈的债主。没有人想到，这个青涩的年轻人尽管什么都不懂，但借助于比赛和游戏中练就的过人的直觉和天生的本能，他给予实力雄厚的债主重重的一击，最终成为特纳广告公司总裁兼首席执行官，从此开启了他令人瞩目的一生。

在特纳的经营下，广告公司的赢利直线上升，已经被特纳打造成一家全球性企业。但特纳并没有满足于此，他要开拓新的事业，要继续前进，要让自己变得更强大。恰巧亚特兰大一家电视台破产，尽管特纳对电视一窍不通，他还是花250万美元将其收购，随后他又力排众议买下当时每月亏损3万美元且已破产的另一个城市的17频道，成立了特纳通信集团电视台（WTCG）。

尽管电视台第一年亏损200万美元，但是当时美国电视台最高监督机构联邦电信委员会要求每个电视台每周必须播放不少于7小时的新闻，善于抓住机会的特纳，在自己的电视台率先制作和播放了电视史上第一个也是最有成效的节目,与其他电视台枯燥的节目形成强烈反差,由此吸引了越来越多的观众,电视台的广告收入因此锐增。当美国第一颗人造通信卫星升空后,特纳又让自己的17频道搭乘便车,通过卫星向美国47个州的家庭播放节目,至此,电视台的市值达到4000万美元。

紧接着,特纳又开始了新的征程——打造优秀而先进的超级电视台的行动。他先后买下亚特兰大的棒球队、篮球队、曲棍球队,扩大自己的电视台,使之囊括了新闻、特殊事件、黄金时间的成人节目和儿童节目。最后,就连最偏僻的加拿大小镇都能通过卫星看到特纳的电视台播放的节目。

就在人们认为属于特纳的新闻时代到来时,特纳却提出了建立有线电视新闻网(Cable News Network,CNN)的建议,想通过卫星和电缆一天24小时连续实况播送国内外重大事件。这一举动使他成为众人眼中的傻瓜,因为在大家的眼中,新闻节目一直立足于公共服务,搞电视新闻根本不赚钱。太多的人认为特纳昏了头,等着看他的笑话。但具有前瞻性眼光的特纳不但没有后退,反而将3500万美元投入其中。

结果,特纳又赢了。CNN打破了地域的限制,让一切同步发生,24小时连续播放实况新闻。一年后,特纳明确提出进入白宫记者团的目标。最终,他借助法律武器,让CNN获得了白

鸟笼效应

宫记者团中一个高级记者的席位,让自己和CNN获得再次前进的机会。此后,CNN先后率先报道了里根被刺、美军入侵巴拿马、拆除柏林墙、莫斯科十月事件等重大新闻事件,尤其是海湾事件的报道,让特纳和他的CNN获得全世界的瞩目。

2020年,特德·特纳以21亿美元的身价,名列福布斯全球亿万富豪榜第1001位;同年又以22亿美元的身价,位列福布斯美国富豪榜第378位。而伴随着财富的增长,特德·特纳身上体现的强者更强的马太效应,也让人们更多地深思这一原理背后的深刻内涵。

Part 08 第八章

罗森塔尔和皮格马利翁效应

自我期望的心理陷阱

现实生活中，有些人一直想活成自己期待的样子，结果往往事与愿违，或是活成了自己最讨厌的样子，或是活成了他人期望的样子。但也有一些人，纵然走了弯路，最后终究活成了自己期望的样子。这究竟是为什么？其实，这些现象背后的推手，就是皮格马利翁效应（Pygmalion Effect）。

第一节　皮格马利翁效应与罗森塔尔

期望是成长中的雕刻刀

皮格马利翁效应告诉我们，我们每一个个体都在无意识中成就着别人，然后用自己构建出来的方式去感受别人，同时我们也在被别人创造着，人与人的关系就是彼此协商、共同成就的。这一心理效应的背后有着一个美丽动人的爱情故事。

塞浦路斯国王皮格马利翁不喜欢女人，认为女人心胸狭隘，很不完美，因此决定终身不娶，孤独终老。然而，随着时光的流逝，国王开始感觉孤独。由于国王热爱雕刻，而且极其擅长，于是他就想用象牙雕刻一个理想的爱人，以排遣自己的孤独。从此，他日夜雕刻，将全部的精力、热情、爱恋都赋予在雕像上。他用心地打扮着雕像，为她穿上美丽的长袍，如同打扮自己的爱人。他甚至为这尊雕像起了一个名字——伽拉忒亚。但是，雕像毕竟是雕像，是没有生命的，更不可能感受到国王的爱意。最后，国王不堪忍受单相思的煎熬，就带上祭品来到爱神阿佛洛狄

鸟笼效应

式的神殿求助,请爱神赋予雕像生命。爱神被他的痴情感动,赐下神谕,赋予雕像生命。当皮格马利翁回到家后,惊喜地发现雕像的双眼发出光亮,面庞露出温柔的微笑,雕像活了!就这样,皮格马利翁的执着,使他终获所爱,有情人终成眷属。

后来,皮格马利翁因为执着而求得神迹产生的现象,被人们称为皮格马利翁效应,即只要真心期望和认可,就可以产生意想不到的奇迹。

20世纪60年代,美国心理学家罗森塔尔(Rosenthal, R.)和雅克布森(Jacobson, L.)针对教育领域中的类似现象进行了研究。

两位心理学家率领实验人员来到奥克小学(Oak Elementary School),进行了如下心理试验。首先,他们告诉学校相关领导,要对学校各年级学生进行一项名为"预测未来发展"的测验,但实际上,这个测试仅仅是一项智力测验。接着,他们从一至六年级中各选了3个班,对这18个班的学生进行了测验。之后,他们以赞许的口吻将一份"最有发展前途者"的名单交给了校长和每个班级的班主任,并叮嘱他们务必要保密,以免影响实验的准确性。但实际上,名单上的学生是随机选出的。8个月后,当两位心理学家再次来到这所学校,对那18个班级的学生进行复试时,他们惊讶地发现:凡是上了名单的学生,每个人的成绩都有了较大的进步,且变得活泼开朗,自信满满,求知欲旺盛,更乐于和别人打交道。

随后通过了解,他们获知,由于第一次实验结果的影响,老师们会对那些上了名单的学生存在更高的期望,给予他们更多的关心和鼓励。只要那些学生有一些出色的表现,老师们就会对其予以表扬,并认为他们的确如"实验结果"表明的那样,相当优秀,于是就更加关注他们。罗森塔尔将这一现象称为皮格马利翁效应,而心理学上则将其称为罗森塔尔效应。

事实上,皮格马利翁效应之所以发生作用,源于心理学上的三个理论:人本主义理论、需要层次理论和阳性强化法。

人本主义理论

潜能是指人具有的但未表现出来的能力,包括心理潜能和生理潜能两种。由于这两种潜能的开发,都需要通过提高认识、学习技巧,培养感受力、领悟力、坚强意志等方法进行,归根结底都是对人的心理潜能的开发。所以,从广义角度来看,任何潜能都属于心理潜能。

人本主义心理学是20世纪60年代崛起于美国的一个重要理论派别。这一学派强调人的尊严、价值、创造力和自我实现,把人的本性的自我实现归结为潜能的发挥。因此,从这一角度来看，潜能与本能类似，是人先天固有的一种禀赋条件和内在特质。要开发潜能，就需要外在的教育和鼓励。

人本主义心理学家认为，由于人的潜能的发挥是源于个体自我实现的需要，因此，自我实现的需要是潜能和人格发展的驱动力。而自我实现的需要，简单地说，就是个体希望自己成为什么样的人，就一定会成为什么样的人，一定会忠于自己的本心。正是因为人存在着这种自我实现的需要，才使得有机体的潜能得以实现、保持和增强。

皮格马利翁实验中的学生，均是由于教师表现出来的认同和激励，使他们想要成为老师期待的样子，或是认为自己就是老师期待的样子，于是内在的潜能被激发出来，从而发生了改变。

需求层次理论

需求层次理论是由人本主义心理学家马斯洛提出的。马斯洛在1943年发表的《机动与人格》一书中提出了需要层次论，即人类价值体系存在两类不同的需要，一类是沿生物谱系上升方向逐渐变弱的本能或冲动，称为低级需要和生理需要；另一类是随生物进化而逐渐显现的潜能或需要，称为高级需要。这些需要按由低到高的层次，分为生理的需要、安全的需要、归属与爱的需要、尊重的需要、自我实现的需要五个部分。

这种层次化，反映了人的需要是多层次的，而需要的产生受到诸多因素的影响，主要包括生理状态、情境和认知水平。其中，需要产生的情境是指诱发或增强需要产生的外界刺激。情境之所以能够诱发产生的需要，最强有力的因素就是个体对外在目标的渴望，正是这种渴望吸引着个体进行活动，并使个体的需要得到满足。这些诱发的情境包括的因素有很多，其中，来自他人或社会的激励，与个体的内在需求结合在一起，就可以增强个体的动机强度，进而产生激励效益。

由此可见，在实验中，老师因为对学生产生了先入为主的印象，于是对他们充满了期待，进而在日常的生活和学习中，给予他们赞美和激励。这些外在的情境，满足了学生的内在需求，进而与学生内在的需求——成为聪明的学生相结合，促成了学生的改变。

阳性强化法

阳性强化法（Positive reinforcement Procedures）是建立、训练某种良好行为的治疗技术或矫正方法，也称"正强化法"或"积极强化法"。它最早是由生理学家巴甫洛夫提出的，是指通过及

鸟笼效应

时奖励目标行为，忽视或淡化异常行为，促进目标行为的产生。

这一方法的理论基础是行为主义理论。行为主义理论认为，人及动物的行为是后天习得的，是行为结果被强化的结果。如果想建立或保持某种行为，可以对其行为进行阳性刺激——奖励，通过奖励强化该行为，从而促进该行为的产生和出现的频率，进而行为结果得以产生或者改变。

后来，美国著名心理学家斯金纳（B. F. Skinner）在对人和动物的学习行为进行了长期的实验研究后提出了强化理论。他认为，人或动物为了达到某种目的，会采取一定的行为作用于环境。当这种行为的后果对其有利时，这种行为就会在以后重复出现；不利时，这种行为就会减弱或消失。其中，有利的行为称为阳性强化，也叫正强化。

由此可知，阳性强化表现为因某一刺激物在个体做出某种反应（行为）后出现，从而增强了个体该行为（反应）发生的概率。在皮格马利翁效应中，实验中的学生，因为老师的期望发生了改变，而教师一旦发现了学生的改变——变得更聪明，更进取，就会不断地予以表扬，于是学生这种行为的出现概率就会越来越多，进而增强了学生的这一行为，最终促成学生的改变。

总之，皮格马利翁效应的产生，与个体的内在心理及外在环境有着千丝万缕的联系，它无时无刻不在提醒我们，要时刻提高自己，注重内在心智的引领，用兴趣与适当的压力，充分发挥自己的潜在能力，从而成为更好的自己。

心理学巨擘罗伯特·罗森塔尔

作为人本主义心理学的代表人物，罗伯特·罗森塔尔（Robert Rosenthal）在人类心理学发展历史上，留下了浓墨重彩的一笔。这位心理学巨擘在心理学上的贡献，值得每一个人铭记。

1933年3月2日，罗森塔尔出生于德国吉森，6岁时随家人离开德国。1956年，他在洛杉矶加利福尼亚大学获得博士学位，从此开始了临床心理学家的职业生涯。此后不久，他开始进入社会心理学的研究，集中在非言语交际的研究上，尤其是非言语交际对期望的影响。为此，他展开了一系列的心理学实验，其中一个就是上文提到的针对学生的实验，此外还有以大学生为对象的实验。

在进行这个实验时，实验者让大学生用两组老鼠做实验。主持实验的人告诉他们，这些老鼠一组特别聪明，另一组特别笨，但实际上这两组老鼠是一样的，并不存在差别。随后，实验者让这些大学生训练这两组老鼠走迷宫，结果这些大学生在报告中说，那组聪明的老鼠学得特别快。

鸟笼效应

根据这个研究结果，罗森塔尔认为，在实验室情境下，从实验人员对待被试的态度上，或许可以看出他们对被试的期待，而他们的这种期待影响了被试在实验中的表现。在本次实验中，或许正是由于大学生对待两组老鼠的方式不同，导致了结果存在差异。这种差异或许表现为对待两组老鼠的态度上，如对聪明的老鼠充满耐心，对笨的老鼠态度粗暴。

由此，罗森塔尔认为，影响皮格马利翁效应的因素包括期待者的威信和期待结果的可能性。其中，期待者的威信越高，被期待者获得的信息就越多，其自尊、自信、自爱的程度就越高；在评估结果时，被试认为结果越可能完成，对自己的意义越重大，其期待效应就越强。

因此，皮格马利翁效应的产生过程遵循着憧憬—期待—努力—感应—接受—外化的顺序。因此，如果期待者虽然产生期待，但并不曾针对这种期待做出努力，比如向对方表示赞扬、指导、鼓励等，那么被期待者就不会感受到这种期待，也不可能接受到关心和帮助，更不会付出相应的努力，其潜能就不可能得到发挥。因此，皮格马利翁效应的产生，以上诸因素缺一不可。

1962～1999年，罗森塔尔一直在哈佛大学任教。1999年，从哈佛大学退休后，罗森塔尔去了加利福尼亚生活。

罗森塔尔在心理学上的贡献甚巨，因此，他获得了众多奖项，如1960年美国科学院颁发的行为科学研究奖，2003年美国心理学会颁发的心理学终身成就金奖和美国艺术与科学院选举奖。当然，罗森塔尔也发表了一系列颇具影响力的心理学著作，其中，2002年出版的《普通心理学评论》(*Review of General Psychology*)一直为众多心理学家及心理学研究者引用。

鸟笼效应

第二节　期望值越高，成功率越高

在自我期待中前行

皮格马利翁效应表明：合理的期待＋用心的努力＝成功。因此，个体要在成长的过程中达到预期的目标，如果一味地依赖外界的评价，必将丧失行为的主动性。个体要获得成功，首先就要激发内在动机，让自我期待催发前进的力量，如此方能实现自己的目标。

2020年，卓越职场研究所（Great Place to Work Institute）发布了"2020年度全球最佳职场"榜单（World's Best Workplaces 2020），全球共有25个跨国公司进榜，其中美国思科系统公司（以下简称为思科公司）蝉联榜首。回顾思科公司的发展历程，不能不说其成长与领导人约翰·托马斯·钱伯斯（John Thomas Chambers）借助皮格马利翁效应，激励自己和员工有着重要的联系。

1949年8月23日，钱伯斯出生于美国俄亥俄州的克利夫兰，

第八章·罗森塔尔和皮格马利翁效应

却是在西弗吉尼亚的查尔斯顿长大的。他的父亲是当地一位有名的妇产科医生,母亲是一位心理学家,他有两个姐姐。闲暇时,父母会带他们到海边度假,到家族餐馆中就餐。当然了,小小的钱伯斯在接触家族餐馆时,也在头脑中形成了一定的商业概念,对经商产生了浓厚的兴趣。融洽和睦的家庭氛围,让钱伯斯获得了良好的教育和引导。

9岁时,钱伯斯患上了轻微阅读障碍症。这种病在20世纪50年代相当普遍,相当多的孩子因此倍受他人歧视。然而,钱伯斯是幸运的,深谙医学和心理学知识的父母不但给予他深情的爱与耐心,而且专门聘请了阅读专家劳伦·沃尔特斯为钱伯斯进行针对性的训练。因此,疾病并没有影响钱伯斯的成长,反而磨炼了他的意志,使他养成了处事简洁利落、愿意与人进行语言交流的习惯,以及乐观坚毅的个性。多年后,沃尔特斯依旧清晰地记得那时钱伯斯的表现。他说:"钱伯斯对一切都抱着非常乐观的态度,不会轻易承认失败,这对改善他的症状很有帮助。"或许从那时开始,那种内在的自我接受的潜能就被他种植在了自己的内心。

在专业的治疗师的帮助下,钱伯斯的阅读障碍获得了极大的改善。之后,他更加珍惜自己的学习机会,也更加勤奋地学习,希望用优秀的成绩证明自己。而这种坚持不懈、异常执着的个性伴随了他的一生，也成为他后来取得巨大成就的重要基础。

1967年，钱伯斯考入杜克大学，在工程学院学习。仅仅一年，他就转入西弗吉尼亚大学攻读法律专业。在西弗吉尼亚大学上学期间，钱伯斯不断激励自己，努力学习，全面发展。一方面，他相当勤奋地攻研专业知识；另一方面，他积极参加体育运动。在与同伴打篮球、网球的过程中，他不但认识到团队精神的重要性，而且训练了他的领导力和团体协作能力。

20世纪70年代，西弗吉尼亚州的经济发展极其惨淡，钱伯斯在西弗吉尼亚大学获得法学博士学位后，前往布卢明顿的印第安那大学继续攻读工商管理，并获得了工商管理硕士学位。这些学习背景，为他日后在商界的经营管理打下了深厚的理论基础。

1976年，27岁的钱伯斯怀揣着法律博士、工商管理硕士文凭踏入职场，他的首站就是计算机行业的巨头IBM。在这个规模和实力均处于行业领先地位的"蓝色巨人"的麾下，钱伯斯首先从事的工作是推销IBM刚发布的全新电脑"系统360"。虽然钱伯斯对推销工作没什么兴趣，不过他还是认真地做了起来。结果在工作中，他发现自己竟然在销售上极具天分，于是暗暗激励自己要成为一名出色的销售管理人员。

尽管IBM的内部管理存在着众多的规则，但凭着过人的能力，他仍旧取得了出色的销售业绩，并在几年后成为市场经理。

第八章·罗森塔尔和皮格马利翁效应

在IBM工作期间,他亲眼看着这个巨人如何因决策失误,失去了PC机市场上的霸主地位,被Compaq后来居上,由此他深刻地认识到IBM的问题在于管理者离客户过远,以致知道得比客户还少,最终将客户越推越远。对IBM的失望,让他离开了这个工作了七年的地方,转而进入王安电脑公司。在这里,他的才能得到王安的认可,被予以重用——负责亚洲区的销售。他用出色的业绩证明了自己的能力,也因此成为公司的执行副总裁。在与王安合作的过程中,钱伯斯深刻地感受到王安博士灵活多变的管理风格,也让他提升了管理能力。1990年,王安去世,王安公司的管理风格发生了改变,以致公司被市场抛弃。此时的钱伯斯虽然已经升任公司美国地区总裁,但他还是选择离开,并在赋闲两个月后,进入思科公司,成为思科公司全球销售和运营高级副总裁。

1991年1月,钱伯斯加盟思科公司。此时的思科公司刚刚上市一年。仅次于时任CEO约翰·莫里奇(John Morgridge)的职位,让钱伯斯获得了一个巨大的平台,其出色的管理才能和卓越的商业头脑,得到了充分的发挥。他打造了"以人为本"的管理风格,注重每个人的感受,关注并满足客户需求,让处于起步阶段的思科公司获得了新生力量,带动着思科公司快速发展,也让他向着自己的人生目标不断前进。

鸟笼效应

1995年1月，钱伯斯在思科担任总裁兼首席执行官，成为这家大型互联网高科技公司的掌门人。如同优秀的猎手一样，他随时观察着市场上的风吹草动，随时准备用思科强大的财力来购买任何代表未来技术走向的新公司。从1999年开始，思科公司先后收购了Cerent等58家公司。这种收购不但让思科少走了弯路，减少了未来的不确定性，而且使思科在长期的市场发展中节省了资金，发展成为全球著名的互联网解决方案供应商。

2006年11月，钱伯斯身为首席执行官的同时，还被任命为公司董事会主席，个人的职业发展进入巅峰。2007年，在他的领导下，公司的年收入从他入职时的7000万美元暴增到约400亿美元。其卓越的领导能力获得了来自全世界的无数荣誉和奖项，甚至在2015年被《哈佛商业评论》评为"全球最佳CEO"，并获得爱迪生创新奖。

2017年12月，钱伯斯卸下执行董事长职务，交出执掌了22年的这艘巨轮的船舵。然而，其杰出的能力仍被铭记和传颂，《巴伦周刊》评选他为"全世界最佳CEO"和《时代》杂志的"100位最具影响力人物"。从其经历可以看出，钱伯斯用不断的自我激励和自我期待，成就了自己不凡的人生。

第八章·罗森塔尔和皮格马利翁效应

把脚步留到白云上

瑞士的布里恩茨市有一个山区小镇，它是"把脚步留到白云上的人"——阿里·诺克的故乡。这个因为在数座海拔超过三千多米的高山缆车缆索上成功进行表演而被国际媒体誉为"把脚步留到白云上的人"，用自己成功的经历验证了皮格马利翁效应。他的经历告诉我们，只要心怀期待，充满信心地不断努力，就可以让脚步留在云端。

没有人想到，这个"把脚步留到白云上的人"在小的时候，竟然是一个恐高者、胆小鬼，他甚至连家中的二楼也不敢上，宁愿睡在一楼。结果，为了照顾儿子的心理感受，无奈的父亲不得不将家中的卧室搬到了一楼。

上学后，诺克的恐惧一点儿也没减少。在学校里，看着同伴们上上下下地爬来爬去，他只能待在教室里，或者在平地上跑动几下。为此，他渴望自己也能像他人一样变得胆大。心动的同时，他也试图改变自己。

一天，诺克和几个同学一起走在放学的路上。结果这几个同学发现了一个高高的大岩石，他们欢呼着纷纷爬到大岩石上，高声呼叫。看到诺克不敢爬，这几个同学先是大声地叫他，后来就开始嘲笑诺克是一个胆小鬼，是一个"胆小的小虫子"。诺克伤心极了，暗暗流着眼泪回了家。

到家后，尽管他不敢将事情告诉父亲，但敏锐的父亲还是从他的神色中发现了蛛丝马迹。吃饭时，父亲三言两语就获知了真相。父亲告诉儿子，要想改变他人的看法，首先就要改变自己。诺克知道自己应该改变，但他不知道如何改变。于是他问父亲，为什么自己不具备其他同学那样的胆量，可以轻松地爬到大岩石上，是不是自己不如他们能干？父亲笑着问他，他做的其他事情，以及在学校的学习，是不是不比别人差？诺克点了点头。

父亲接着告诉他，问题的根源不是那些同学比他具备更多的能力，而是他们比他多了一点儿勇气而已。诺克的沮丧减轻了，他进一步向父亲确认，自己真的只是比别人缺少了勇气？父亲肯定地告诉他，只是缺少了勇气。接着，父亲进一步告诉他，倘若他具备了勇气，就可以和那些同学一样优秀，甚至比他们更优秀。

父亲的话鼓励了诺克，让他看到了某种希望。于是他告诉自己："我一定可以战胜胆怯，一定可以成为一个有胆量、有勇气的人。"于是诺克来到家门口的一块两米多高的大岩石旁。这里一度是诺克的行动禁区，他不但不接近这里，更不曾产生一丝要爬上去的念头。不过，现在，他要用勇气征服这块大岩石。

诺克颤抖着来到岩石旁，开始了首次挑战勇气之战。他先是爬了一段，后来因为恐惧，他缓缓地滑了下来，蹲在一边抖了好久。再进行一番心理建设，他又开始了爬行。期间，他不是没想过放弃，但他一想到同学嘲笑的眼光和"胆小的小虫子"的外号，就想到父亲的话："你只是缺乏勇气。"于是诺克暗暗鼓励自己，并坚信只要自己具备足够的勇气，就一定可以征服这块石头，让恐惧对自己俯首称臣！

就这样，这块大岩石耗费了诺克10分钟的时间后，终于被诺克征服了。当他手脚并用地攀爬那块仅有两米多高的大石头时，当他站在大岩石顶上时，他确信自己有足够的勇气，足以征服一切！

从那之后，诺克在学习和生活中，时时注意改变自己，不断增长自己的"勇气"。批评、挫折都不曾让他后退，他表现出了过人的力量。为了训练自己的胆量，他开始征服家中那些让他感到恐惧的任何场所。他爬上了从前不敢想象的院墙，甚至尾随着父亲，爬到屋顶为房顶添新瓦。当他爬上了房顶时，他感觉自己如同一只自由的小鸟，正在空中展翅翱翔！

在一步步战胜恐惧的过程中，诺克感受到了勇气的力量，体验到了成功之美妙。接下来，他向更大的挑战进发。此后的几年间，他开始征服家乡附近的那些大山。到中学毕业时，他已经成为当地小有名气的登山运动员。

不过，诺克并不因此自我满足，他还有更大的目标。不久后，他无意中看到了某杂技团里的走钢丝表演。看着那个杂技演员在高高的钢丝上来回走动，表演节目，他就此确立了高空表演的目标，期待自己发生更大的改变，成为更加勇敢的人。

为了实现目标，他开始行动起来。他把钢丝安装在家中一米多高的位置，然后拿着一根平衡棍在上面走。起初，他心惊胆战，没走几步就摔落下来，还因此扭伤了脚。不过，他没有就此放弃，而是坚持训练。随着时间的推移，诺克终于掌握了更多的技巧，走钢丝的技术越来越好。三年后，他已经可以在钢丝上轻松地来回走动几个小时！

接下来，诺克开始挑战高处走钢丝。他请人将钢丝架在家乡所在地布里恩茨市西郊格德山的两座高达300多米的小山峰之间。在准备工作完成后，他开始了走钢丝的练习。一开始，站在高山间的钢丝上，他不免有些紧张，然而一想到对自己的期待：具备足以征服一切的勇气，他就慢慢平静下来。当然了，钢丝上的脚步也越来越平稳。后来，他感觉自己如同一只在300米高的钢丝上自由飞翔的小鸟。仅用了25分钟，他就顺利到达了对面的山峰。

此后，他坚持进行走钢丝训练和表演，不断向自己发出更高的挑战。2011年的8月末至9月初，他先后成功实现高山缆车缆索表演，获得了"把脚步留到白云上的人"的称号。

诚如诺克所说："在任何环境中都不能放弃自己的信念，一定要保持勇敢的精神，因为勇气可以让你征服一切、拥有一切！"而这种精神和勇气的获得，正是来自对自己的那份期待，也正是皮格马利翁效应的实证。

在确定的目标中前行

克莱斯勒汽车在世界各地可谓家喻户晓，而它的创始人克莱斯勒，知道的人却并不多，关于克莱斯勒的成功经历，知道的人更是少之更少。实际上，这位成功的企业家，其成长和成功的过程，正是对皮格马利翁效应的验证。不同之处在于，皮格马利翁追求的是爱情，而克莱斯勒追求的是成功。

1875年，克莱斯勒出生于美国艾奥瓦州一个铁路技师之家。他的父亲亨利·克莱斯勒是有德国和荷兰血统的加拿大人，后来移民到美国。亨利参加过美国内战，退伍后进入堪萨斯太平洋铁路，成为一名机车工程师。父亲的工作影响了克莱斯勒。成年后，他继承父业，进入埃利斯的铁路车间当机械师和铁路机械师，并以擅长阀门安装工作而闻名。

随着技术水平越来越高，他工作的铁路公司也在不断变换。当然了，这也与他暴躁的脾气和不安分的性格有关，于是搬家成

鸟笼效应

了家常便饭。他先是到了惠灵顿，接着去了丹佛，最后去了夏延。这种近似于流浪的生活，让他得以全面地了解铁路知识。伴随着流动的生活，他在各铁路公司的职位也在不断升迁，从工头、主管、部门机修师到总机修师。随着职位的升迁，当他成为美国机车公司（Alco）阿勒格尼机车架设车间的工程经理时，克莱斯勒的目标也越来越大，他期待着自己的人生发生一次大的改变，而机会终于在1911年降临。

当时，他机缘巧合地结识了银行家詹姆斯·J.斯托罗（James J.Storrow）。对方欣赏他的能力和技术，问他是否对汽车制造感兴趣。这一问题正中克莱斯勒下怀。实际上，1906年以来，克莱斯勒就对汽车制造产生了浓厚的兴趣，并相信自己总有一天会在这一领域取得较大的成就。为此，他在1908年的芝加哥车展上，在自己还不会驾车时，就花费5000美元购买了第一辆汽车"Locomobile"。尽管当时手边只有700美元存款，但他还是向朋友借了4300美元，通过铁路把汽车运到自己的住处。

没想到，五年后机会就这样到来了。在斯托罗的安排下，克莱斯勒见到了时任别克汽车公司（通用公司子品牌）总裁的查尔斯·W.纳什（Charles W.Nash），并应对方邀请，成为别克公司位于密歇根州弗林特的工厂经理。在这里，他利用自己的技术，为别克公司降低生产成本想到了许多方法。因成绩卓著，他升任了第一副总经理,主管全公司的汽车生产工作,更让他相信自己的成长空间无限。

1916年,威廉·杜兰特(Williamc Durant)从斯托罗手里夺得通用汽车。与斯托罗关系密切的克莱斯勒,因和杜兰特的经营理念、性格不合,于是提交了辞呈。为了挽留克莱斯勒,杜兰特第一时间赶到弗林特,以当时闻所未闻的3年内月薪1万美元(以今天的价值衡量,相当于23万美元)的薪资,以及每年年底发放50万美元奖金(即50万美元股票)的条件,留住了克莱斯勒。当然,除此之外,克莱斯勒还获得了直接向杜兰特报告,独立自主地全面运行别克公司的权力。

此后,克莱斯勒又成功地经营、管理了别克公司三年。于合同到期后不久的1919年,因不同意杜兰特对通用汽车未来的设想,克莱斯勒辞去了别克公司总裁一职。本次离职,克莱斯勒因手中的通用汽车股票被杜兰特回购而获得了1000万美元,由此跻身于美国富翁之列。

离开通用公司的克莱斯勒,进入了威利斯陆上汽车公司(Willysoverland Motor Company),但由于薪资问题没谈拢,他又离开了。不过,拥有自己的公司的想法,一直存在于他的内心。1921年,他收购了境况不佳的麦克斯韦尔汽车公司(Maxwell Motor Company),成为公司的大股东,继续从事着自己喜爱并擅长的工作。

在自己的公司里，克莱斯勒开始大展拳脚。1924年，以他的名字命名的"克莱斯勒6号"汽车面世。由此，麦克斯韦尔汽车公司飞速发展起来。随后，克莱斯勒充分发挥了他的管理能力，将公司彻底重组，并于1925年更名为克莱斯勒汽车公司。这代表着克莱斯勒从此在汽车领域留下难以磨灭的足迹。

1926年，在克莱斯勒的领导下，克莱斯勒汽车公司在美国汽车制造业的排名从第27位蹿升到第5位，继而又升到第4位。1928年，克莱斯勒又收购了道奇兄弟公司和顺风公司，将其更名为道奇（Dodge），一跃成为美国第三大汽车公司。同年，他在纽约市建造了克莱斯勒大厦，并被《时代》杂志评为当年的"年度风云人物"，实现了他在汽车领域占有一席之地的梦想。1933年，克莱斯勒汽车公司在美国的市场占有率高达25.8%，一度超过了福特汽车公司。

沃尔特·克莱斯勒被美国汽车行业称为"复兴者"，但在谈到自己的一生时，他却以"一个美国工人的一生"来概括。他始终认为，作为铁路技工出身的美国工人，自己之所以能获得成功，凭借的是对事物的好奇心，对技术永不满足的创新精神，以及内心对成功的期待。

Part 09 第九章

米尔格拉姆与米尔格拉姆效应

自我服从的心理陷阱

权力是一种广泛存在的影响力，通常包括政治权力和经济权力。古往今来，无数人对权力十分渴望，为了获取权力，他们互相争斗，甚至彼此杀伐。从某种程度上来说，人类文明的历史就是一部权力斗争史。当我们从多角度审视米尔格拉姆效应时，或许就会正视权力，学会科学分析和正确看待权力对我们的影响。

第一节　米尔格拉姆的残酷实验

"服从命令"是人性的本能

米尔格拉姆效应来自一个极其著名的社会心理学实验——米尔格拉姆实验（Milgram experiment），又称为权力服从研究（Obedience to Authority Study）。它表明，服从命令是潜藏于人性深处的一种本能，个体会因为某种特定的情境改变自己的行为，进而做出违背本心和违反道德伦理的行为。

1963年，美国康涅狄格州纽黑文市的报纸上刊登了这样一则广告：寻求志愿者来耶鲁大学进行记忆力和学习方法的研究。任何不是在校生的20～55岁身体健康的成年男性都可以报名申请，参加者可获每小时4美元的报酬，另外报销交通费。

"每小时4美元""耶鲁大学"，这些极具诱惑力的字眼，深深地吸引着人们，很快就获得了不同行业、接受不同程度教育（从小学至博士）的40名应征者，即实验的被试。同时，研究人员还专门聘请了两个人，一个是中学物理教师，另一个是长得像

鸟笼效应

爱尔兰人的职业会计师。前者要扮演实验的主试——一位做事一丝不苟的权威人士，在实验中身穿传统的灰色的工作服，表情始终保持严肃，传达对被试的各种命令；后者扮演按主试要求进行联想记忆的学生，同时是实验中接受电击的"承受者"。

就这样，在耶鲁大学的社会互动实验室里，这一精心设计的实验在40名被试毫不知情的情况下开始了。

实验开始前，每一位被试都被安排在不同的时间来参与实验。主试——权威的扮演者带领被试与另一位"被试"——长得像爱尔兰人的职业会计师，进入实验场地。主试向他们说明本实验的实验"方法"和"目的"：这是一项对学习中惩罚效应的研究，老师让学生对各种各样的单词配对进行联想记忆，如果学生回答错误，作为老师的一方就要对学生施加电击。每错一次，老师就会将电击的幅度增加一级。解说完毕后，实验正式开始。

主试先请两名被试用抽签的方法决定谁当学生，谁当老师。结果当然不言而喻，那名假被试成为理所当然的学生。随后，被试亲自将"学生"牢牢地绑到电椅上，并且将各种复杂的连线和电击触点粘贴到学生的身上。"学生"的面前有一个标有A、B、C、D选项按钮的装置，用以回答被试提出的问题。随后，被试处于安装有电击装置的房间。两间屋子不存在可以看到彼此的窗户之类的设备，被试与"学生"仅可以通过麦克风听到对方的声音。一切准备就绪后，实验正式开始。

主试要求"老师"宣读像"蓝色、天""狗、猫"这样成对的词给"学生"，然后考查"学生"的记忆力。考察时，"老师"先念一组词中的第一个词，然后念四个可能的答案词，让"学生"选择那个正确的词。"学生"用面前的按钮选择答案。当"学生"选择后，安放在另一个房间中相对应的灯泡就会亮起来，"老师"由此判断"学生"的答案正确与否。如果错误，"老师"就需要按照主试的要求对"学生"施加电击，而"学生"则会以其精湛的演技对每种不同的电击水平做出相应的生理和行为反映。当然了，虽然"学生"感受不到真正的电击，但主试对电击强度的选择也会通过某种装置让"学生"知道。实际上，在实验过程中，甚至连记忆错误发生的时机都是提前安排好的，目的是平衡这个变量可能会造成的误差。

实验过程中，"老师"给"学生"下达的任务是由易到难的。因此，随着单词记忆数量的提升，"学生"的出错率就会越来越高，被试对"学生"施加的电击强度也就越来越强。开始是75伏，"学生"会发出微小的呻吟；120伏，"学生"就会痛苦地喊出声，给被试以"电击已经弄得他很痛了"的感觉；150伏时，"学生"会发出"我受够了，放我出去"的惨叫，而被试一旦动摇，站在他旁边的主试就会命令他："请继续！"270～300伏时,"学生"会发出"我有心脏病,我要立即退出实验"的歇斯底里的叫喊。倘若被试再次犹豫不决,主试就会告诉他:"实验要求你继续进行。"300伏以上,"学生"出现猛烈撞击墙壁的症状,而被试一旦表现了祈求中止实验的请求时,主试就会更加严肃地说:"继续进行实验是极其必要的!"当电压超过330伏时,虽然"老师"仅能听到隔壁房间处于可怕的沉静中的呻吟,但主试仍然会告诉被试对不回答的处理方式与答错相同,而且告诉对方:"你没有别的选择,你必须进行下去!"

一边是"学生"痛苦的呻吟和求饶声,一边是主试发出的一个个极具权威的命令,被试会如何做呢?是听从代表权威的主试的命令,不断提升电击强度,还是对代表权威的主试提出抗议?实验中的40名被试在不同阶段的表现如下:

电击强度	拒绝执行命令的人数	服从命令的人数
轻微的电击(15~60伏)	0	40
中等的电击(75~120伏)	0	40
较强的电击(135~180伏)	0	40
特强的电击(195~240伏)	0	40
剧烈的电击(255~300伏)	5	35
极剧的电击(315~360伏)	8	32
危险的电击(375~420伏)	1	39
特别危险的电击(435~450伏)	26	14

这一实验结果让很多人震惊。随后,实验人员对40名被试进行人格测试,结果表明,他们在家庭中都是好儿子、好丈夫,在工作上兢兢业业,没有任何不良嗜好,也没有一个人是虐待狂,更不存在任何人格上的缺陷。

由此,实验人员得出如下结论:服从权威,是人的天性之一。因此,只要情景适宜,个体内在的服从本能就会被"激发"出来,进而做出违背道德伦理的事情,从天使变为魔鬼。

发人深思的服从心理

上述实验后来因其研究者名为米尔格拉姆,而被称为米尔格拉姆实验,也称权力服从研究。这一实验表明,服从心理根存于每一个个体的内心。那么,什么是服从?服从心理又是如何产生的呢?

所谓服从(obedience),是指个体在他人的直接命令下而做出某种行为的倾向。服从心理则是指个体在社会要求、群体规范或他人意志的压力下,被迫产生的符合规范或他人要求的行为。由上述实验可知,服从行为的产生受以下因素的影响。

首先是从众心理的影响。从众(conformity),是指个人的观念和行为由于群体直接或隐含的引导或压力而与多数人保持一致的倾向。这种倾向会产生从众行为，从众行为在日常生活中几乎随处可见。比如集体表决中的人云亦云，喜庆活动中的鼓掌欢呼……个体之所以产生从众行为，是基于其内心的社会规范及影响的考虑。在社会生活中，由于环境、教育和期望的影响，个体在内心形成了诸如遵守纪律、遵循社会规范等意识和规则，并认识到一旦不遵守，将会对自己产生的不良影响。当个体处于特定的情境时，一方面因为内在社会规范意识的影响，另一方面会依据接收到的相关信息，认识到尊重规范的重要性，于是在考虑规范的社会影响的同时，做出服从行为。这也是人们在生活中会自觉遵守相应的法律、规则的根本原因。

其次是对权威的敬畏。权威即对权力的一种自愿的服从和支持。个体对权力安排的服从可能出于被迫，即对权威的畏惧；也可能出于认同，即对权威的接受和认可。就前者而言，当个体面对实力绝对高于自己的情况下，通常出于这样或那样的原因，不得不表现出服从；就后者而言，当个体面对自己发自内心地敬佩或认可的权威或规则时，会心甘情愿地服从。

由此可知，个体的服从行为及心理的产生是复杂多样的。如实验所示，40名被试表现出来的服从行为，不能简单地归结于对主试的畏惧，也不能简单地归结于对主试的认可，而是多方面因素共同导致的。因此，无论是何种原因引起的服从行为，必定

第九章・米尔格拉姆与米尔格拉姆效应

引发合理或不合理、有利或不利的结果。

相关研究表明，个体发自内心的服从，可以铸就个体的领导特质。这是因为个体在接受服从教育的过程中，会形成深沉而稳重的内敛人格。因此，当面对不同的信息时，个体会战胜自己内在的本能反应，对非理性的信息进行筛选，在对不同类型的信息的分析中，培养见微知著的能力，并运用这种能力发现细微的线索，从而思考得深邃，形成系统化认知和场景化判断，进而在纷繁的情境中做出理性的决策。这样的特质可以让身处职场和生活中的个体形成空杯心态，进而在生活和工作中从整体的眼光和全局的视角看待问题，在明确自己的目标的同时，以执着的耐力实现自己的目标。

因此，美国哲学家朱迪斯·巴特勒认为，"服从"是一个被权力屈从的过程，但同时也是一个主体生成的过程。任何一个主体身处社会环境中，均是从对权力的屈服开始的。因此，学会科学而适度的服从，正是个体培养独立个性的必经过程。个体从服从发展到不服从的过程，正是其认知、能力的成长过程。

当个体具备了对外界事物的辨识能力，就可以在面对不同的境况时理性分析、客观看待，本着自己的原则，坚持自己的行为底线，做出服从或不服从的选择。这些，是米尔格拉姆效应引发的思考，也是给我们的启示。

鸟笼效应

一代心理学大师的成长之路

米尔格拉姆效应是美国社会心理学家斯坦利·米尔格拉姆（Stanley Milgram）依据他所主持的实验提出的。这位社会心理学史上最重要的人物，也因为这一心理学实验而备受争议。

1933年8月15日，米尔格拉姆出生于美国纽约市布朗克斯区的一个犹太人家庭。他的父亲是第一次世界大战期间来到美国的罗马尼亚移民，他以面包师的微薄收入供养着一家人，母亲是第一次世界大战期间的匈牙利移民，她协助父亲管理面包店，并在丈夫去世后继续经营着面包店。发生在第二次世界大战期间的对犹太人灭族似的屠杀，使得米尔格拉姆的直系亲属和大家庭受到了严重的影响，从集中营中逃脱的幸存不多的亲属先后来到纽约，和米尔格拉姆一家生活了一段时间。从共同生活的亲属身上，米尔格拉姆看到了纳粹留下的残暴印迹，对于纳粹的暴行有着最为直观且深刻的感受。

米尔格拉姆是家中的第二个孩子，从小就表现出极高的智商。还在读幼儿园时，他就可以轻松地背诵听来的关于林肯总统的生平事迹。中学时，米尔格拉姆就读于布朗克斯区的学校。在学校，米尔格拉姆凭着158分的智商成为无可争议的学霸，不仅名列全校第一，而且进入了只有高智商的学生才能进入的荣誉班学习。高智商让他能够轻松地学习各方面的知识，且将学习当作一种乐趣。他不但主动参加各种课外学习班，而且仅用三年的时间就完成了全部的中学学业。或许正是在这一阶段，米尔格拉姆开始思考人性。这可以从他的成人礼演说中看到。

在这篇演说中，他围绕着欧洲犹太人的困境以及第二次世界大战对全世界犹太人的影响，阐述了他将进一步了解犹太人的轨迹，并反思人类行为。后来，他在写给儿时的伙伴的一封信中表达了自己当时的困惑："我原本应该于1922年出生于布拉格的德语犹太社区，然后在差不多20年后死于纳粹的毒气室。至于我是如何在布朗克斯医院出生的，我永远也不明白。"或许正是这种来自心灵深处的困惑，让他对自己的犹太身份表达了高度的认可，而且开始探寻在那次大屠杀中导致犹太人的服从权威行为的研究。

米尔格拉姆在大学期间主修政治科学，并于1954年获得该院的政治学学士学位。他对领导服从和大众说服之间存在的团体现象相当感兴趣，于是在好友弗莱德和哈佛社会关系学系主任的建议下，他一方面在布鲁克林学院学习，另一方面申请了哈佛大学社会心理学博士课程。尽管最初他的申请因为心理学背景不足而被拒绝，不过最终他还是于1954年进入哈佛大学特殊学生办公室，成为哈佛大学的学生。

鸟笼效应

在哈佛大学，米尔格拉姆主攻社会关系学。哈佛拥有世界顶级的社会心理学家，教会了米尔格拉姆用严谨的科学实验研究社会心理学问题。这其中就包括于他而言亦师亦友的奥尔波特和所罗门·阿希。在他们的引导下，米尔格拉姆跨入了社会心理学的大门。

阿希教授是米尔格拉姆的博士生导师，其著名的从众实验，让米尔格拉姆对社会中存在的服从权威的现象异常好奇，他特别希望找出人们屈服于权威的原因。与此同时，作为犹太人的后代，他执着要弄清楚，为什么在第二次世界大战中，会有那么多人迫害犹太人且没有丝毫愧疚之心。

1961年，米尔格拉姆获得哈佛大学社会心理学博士学位。1960年秋天，在奥尔波特的帮助下，他成为耶鲁大学的助理教授，并于1963年主持了著名的权力服从研究，即米尔格拉姆实验。

1961年，纳粹分子阿道夫·艾希曼被抓回耶路撒冷审判，次年被判处死刑。米尔格拉姆由此产生了对服从权威的研究的想法。1963年，他设计了米尔格拉姆实验，其目的在于测试艾希曼及参与了犹太人大屠杀的纳粹追随者，是否可能仅仅是单纯地服从上级的命令，是否可以称其为大屠杀的凶手。概括地说，这一实验就是为了测试受测者在遭遇权威者下达违背良心的命令

第九章・米尔格拉姆与米尔格拉姆效应

时,其内在的人性所能发挥的拒绝力量究竟有多少。

这次实验后,米尔格拉姆首次提出了服从理论。他认为,服从倾向是人类社会组织的一个前提,在进化的过程中,服从演变成了人类的天性。一个处于社会环境中的人,倘若主观地将自己放在被更高阶层管理的位置,就处于代理状态。当个体处于这种状态时,个体就会认为自己无须为自己的行为负责,而是将自我定义为执行他人意愿的工具。

1964年,因为在服从的社会方面所做的工作,米尔格拉姆被美国科学院授予行为科学研究奖和1000美元的奖金。

然而,伴随着声名鹊起,这个28岁的天才也陷入了社会舆论的旋涡中。由于实验中对参与者施加了极度强烈的情感压力,导致了人们对科学实验的伦理质疑。尽管米尔格拉姆实验的结果为人类心理学研究带来了新的发现,他还是被推到非主流科学家的行列,也因此失去了成为哈佛大学终身教授的机会,甚至他申请加入美国心理学会的请求,也被以工作道德的质疑为理由,推迟了一年。

直到现在,相当多的科学家仍认为这一实验是违反伦理的。然而,米尔格拉姆实验不但为1968年发生的麦莱(My Lai)大屠杀等行为研究提供了模型——米尔格拉姆录制的整个实验过程和结果的纪录片《服从》,也被当作社会心理学稀缺的经典。

鸟笼效应

1974年，在米尔格拉姆实验后的第十年，米尔格拉姆出版了《服从权威》一书。这本书后来成为社会心理学著作和研究的最重要的参考资料。

六度分离理论的创立

米尔格拉姆实验的争议让米尔格拉姆身心疲惫。因此，实验结束之后，他希望可以进行一些无须直接接触被试的研究。于是，米尔格拉姆在哈佛大学开展了小世界实验，并于1967年提出了六度分离理论（Degrees Six of Separation）。

六度分离理论，最早是匈牙利作家考林西在他的短篇小说《枷锁》中提出的，即两个陌生人最多通过5个人就能建立联系。米尔格拉姆通过一个著名的试验，最终系统地提出并证实了六度分离理论。

1967年，米尔格拉姆组织研究人员招募了300多名志愿者，请他们将信函邮寄给一位住在波士顿的股票经纪人。因为几乎可以肯定信函不会直接寄到目的地，于是志愿者被要求将信函发送给他们认为最有可能与目标建立联系的亲友，并要求每一个转寄信函的人都回发一个信件给米尔格拉姆本人。出乎意料的是，其中60多封信最终到达了目标收件人——股票经纪人手中，并且这些信函经过的中间人的数目平均只有5个。换句话说，陌生人之间建立联系的最远距离是6个人。

1967年5月，米尔格拉姆在《今日心理学》杂志上发表了这一实验结果，并提出了著名的六度分离理论。这一理论表明，虽然世界很大，但是如果将每个人的人际关系网考虑进去，人与人之间的距离其实很近。同时，米尔格拉姆的六度分离理论研究还开创了两个第一。

一是大多数志愿者均可以说出一两件亲身经历的"小世界"轶事。比如坐在火车上，自己身旁的乘客原来是自己在外地的某一亲戚的亲戚的同学或朋友。这说明人与人之间具有一种密切的互联性。二是这一理论研究设计了一个极富创意的实验方法，即计算将随机选择的两个人连接在一起需要多少中间人，因此首次表明人与人之间的互联性是社会中一种可以计量的普遍特征。

今天，六度分离理论被广泛应用于社交群体中，尤其是互联网时代，它催生了Facebook、微信、QQ等社交平台，这也是米尔格拉姆在其研究后期开发的一种创建交互式混合社会代理（称为cyranoids）的技术，这一技术后来被用于探索社会和自我认知的各个方面。

如今，这个天才心理学家已经辞世近四十年，但他传奇的一

鸟笼效应

生和对社会心理学的贡献,一直影响着后来的心理学研究者。他提出的米尔格拉姆效应也提醒我们,应该正确认识权威的影响,科学地选择和判断,理性地分析,进而做出服从或拒绝的决定,如此方能保持个体的独立,做出正确的选择。

第二节　避免盲目服从的关键

不盲从改写人生

米尔格拉姆实验中关于服从权威的实验,告诉我们服从行为产生的原因,同时也提醒我们,任何事物都具有双面性,服从行为亦是如此。个体在面对事物时,只有以理性的态度分析客观事物,才能在纷繁的情况下保持清醒,进而培养自己科学的服从态度,让自己获得绵绵不绝的力量。

于尤利乌斯·马吉来说,正是因为不盲目地服从父亲的安排,不听凭命运的摆布,才改写了自己的人生。马吉出生于苏黎世郊区一个贫困的农民家庭。家里的经济状况相当糟糕,仅靠经营一个小磨坊为生。磨坊的生意惨淡,仅能维持全家温饱,可谓异常窘迫。马吉从小就看着父亲每天早早起床,围着那两扇磨,磨出面粉,再卖出去,用换来的微薄收入供自己上学。然而,就连这样的状况也没维持多久。马吉开始上初中了,家里的压力越来越大,无奈之下,父亲不得不让他中途辍学,外出打工,以贴补家用。从此，马吉开始了艰难的打工生涯。

这样的生活一坚持就是几年。面对着这样的生活，马吉不甘心。父亲劝他认命，因为祖祖辈辈就是这样过来的，他没什么特殊之处，更没什么过人的本领，必须接受命运的安排，回到家中接手磨坊。无奈的马吉暂时听从父亲的安排，回到家中。又是几年过去了，他发现自己除了像父亲那样每天磨面粉、卖面粉，一无是处。当父亲再一次劝他"你这辈子就是磨面粉的命了"时，马吉这样回答父亲："不，我不会让自己一辈子都迈着沉重的步子，在磨坊中一圈圈地推着两扇磨盘。"父亲发出粗重而无奈的叹息，生气地问他："那你究竟想怎样？那么多的人都是这样过日子，难道你还想从这两扇石磨上磨出花来？"马吉沉默了，但他并不甘心。

后来，他每天工作时，就望着那转了无数圈的磨道，望着那两扇默默无言的磨盘，思考着如何改变当下的处境，寻找走出窘境的途径。

皇天不负苦心人。几年后，马吉二十岁了，他仍旧没放弃改变命运的念头。这天，马吉去朋友舒勒医生那里办事，发现舒勒医生正吃着干蔬菜做的饭菜。马吉奇怪地问他，这样吃对身体好吗？舒勒医生告诉他，蔬菜晒干后，营养成分并不会流失，而且便于存放，不同的季节还可以吃到不同的蔬菜。回家的路上，马吉想：是不是可以用干蔬菜做些生意呢？不过，现在已经有人在卖干蔬菜，看样子没什么机会了。马吉沮丧极了，低着头回家，继续到磨坊里磨面粉。

望着默默转动的石磨，突然，一个灵感涌上心头：为什么不将干蔬菜和豆类放在一起磨呢？那样磨出的粉末，是不是就可以放进汤里，普通的汤汁就成了富有营养的汤了？而且这样处理后，家庭主妇们在熬汤时，仅需将粉末放入汤中，就可以方便快捷地做出一道美味的汤了。

说干就干，马吉马上行动起来。粉末的磨制，在自己的磨坊就可以进行，但烘干蔬菜、将粉末混合在一起，以及粉末装瓶等步骤，则需要另购设备。于是他借钱购置了干燥机和搅拌机等相关设备，开始制作自己想象中的汤料。

经过摸索，马吉没过多久就真的磨制出了一种速溶汤料。当他品尝着用自己的汤料做出的蔬菜汤时，更加确信从此可以改变命运。随后，马吉的速溶汤料上市销售，果真大受顾客欢迎。因为用他的汤料，仅需5分钟就可以做出一盆营养丰富的香汤。马吉的汤料当然招来了经销商，在这些人的推广下，汤料销售成果喜人。马吉再接再厉，继续进行研发。截止1886年，他又陆续开发出数十种袋装速溶汤料，产品迅速畅销欧洲。

不过，马吉并没有就此满足，他的眼睛继续紧紧盯着那两扇磨盘，思索着接下来可以磨出什么新产品。他想：既然蔬菜和豆类可以磨成粉末，制成汤料，那么肉类应该也可以吧？于是他又反反复复地试验，终于在1890年磨出了可以改变寿司、凉菜、鱼肉、汤和配菜味道的万能调味粉。随后，他又开始研究研磨肉类食品，制作出浓缩肉食品，浓缩肉食品一经上市，广受欢迎，相当畅销。

随着产品的增多，马吉的收入也越来越高，他终于改变了自己的命运。到1901年，他已经成为资产超过亿元的大型跨国公司的大老板。

马吉曾说："即使命运只留给我两扇简单的磨盘，我也懂得用信心、智慧和执着，磨出亮丽的人生。"由此可见，正是不甘于服从命运的安排，不甘于在原来的生活里转圈子，勇于开动脑筋，努力打拼，马吉——这个平凡的人才磨出了自己精彩的人生。而他的成功经历也告诉我们，想要克服米尔格拉姆效应，需要具备一种不服从的韧性，并在寻找到明确的目标时努力奋斗，以执着的态度改变自己的人生。

大胆拒绝，开辟新天地

美国当代著名的企业家比尔·拉福，凭借大胆的创新精神，勇于挑战父亲的权威，用理性的思考和不懈的努力，实现了自己

第九章·米尔格拉姆与米尔格拉姆效应

的理想,也改变了自己的人生。

比尔·拉福出生于一个中产之家。父亲老拉福是洛克菲勒集团的一名高级职员。在长期的工作中,老拉福虽然具备了丰富的经营和管理经验,但一直没有太过骄人的成绩。从小,比尔就看着父亲用心地工作,听着父亲偶尔谈起的经营思想和理念。慢慢地,比尔对经商产生了浓厚的兴趣。而他在成长过程中表现出的商业天赋、机敏果断、敢于创新也让父亲认可了他的经商才能。为此,父亲期望他长大后成为一名出色的商界名人,拥有自己的企业。

高中毕业时,父亲希望比尔读经济或商贸类的大学,认为这可以为他以后的经营管理提供良好的理论基础,可是比尔却有着不同的看法,他选择了工科中最基础、最普通的专业——机械制造。父亲很生气,认为他忘记了自己的理想,只是想做一名出色的技术人员。因为要做一名成功的商人,必须读商业贸易,而比尔的选择却远离了自己的目标,将理想远远地推开。比尔不赞成父亲的观点,他告诉父亲,工业商品在商贸中占了绝大多数,做商贸必须具备一定的专业知识,如此,才能了解产品的性能、生产制造的情况,从而保证产品的收益。作为一名成功的商人,具备一些工科的基础知识是成功的先决条件。同时,工科学习除了能学到专业的知识技能,还可以使人建立一整套严谨的思维体系，训练人的推理分析能力，使之形成脚踏实地的工作态度。这些素质对于商人来说，同样相当重要。

尽管父亲对比尔的看法持保留意见，但还是尊重了他的选择。就这样，比尔进入麻省理工学院读书。在四年的大学生活里，比尔除了学习本专业的知识，还掌握了化工、建筑、电子等方面的基础知识。大学毕业后，比尔从经商的理想出发，考入芝加哥大学，攻读经济学硕士学位。在读研期间，他又学习了大量的经济学知识，掌握了决定商业活动正确性的众多因素。

取得经济学学士学位后，比尔并没有如父亲期望的那样，直接扑向商海，相反，他再度触怒父亲，进入一所法学院旁听法律课程。这是因为他认识到，法律是现代商业活动重要的保障，离开了法律的保障，现代商业将陷入一片混乱。为此，他在学习并研究经济法律知识的同时，还学习了一些关于微观经济活动的专业经济学以及企业管理知识。

在父亲看来，这回他可以回归理想了吧？没想到，完成上述学习后，比尔竟然进入政府部门，做了一名普通的职员。这次，老拉福再也忍不住了，他指责比尔忘记了自己的理想，他的目标是经商，而不是从政。比尔提醒父亲，极强的交往能力是经商的重要前提。一个人要想在商业上获得成功，就一定要深谙为人处世之道，要充分了解人的心理特征，要善于与人交往，这样才能给人以良好的印象，让对方信任，使对方愿意与之合作。而这就是一种开拓人际关系的能力，它只能在实际工作中获得。政府部门是训练交际能力、培养人际关系最好的地方，处于这样的工作环境中，一个人才能逐渐变得机敏、老练、处变不惊。

老拉福毕竟深谙为人处世之道，很快就接受了比尔的看法，给予了大力支持。就这样，比尔在政府部门工作了五年，在工作中培养出了深思稳重、沉着冷静的个性。五年后，他离开政府部门，正式进入商界。

在父亲的引荐下，他进入通用公司开始熟悉商业业务。他用两年的时间就熟练掌握了商情与商务技巧。伴随着他的成长，公司看到了他的能力，高薪聘请他做副总经理，不过比尔拒绝了，因为他准备正式向自己的理想进发了。

辞职后，35岁的比尔开办了自己的拉福商贸公司。由于做好了充分的准备，比尔的公司开局就很顺畅。他抓住每一个商机，在巧妙地避免各种法律纠纷的同时，还运用自己的专业技术和沟通能力，一步一步推动公司的发展。25年的时间里，拉福商贸公司的市值从最初的20万美元发展到了200亿美元，而他本人也成为美国商业圈的传奇人物。

对于他的成功，在1994年10月比尔率团到中国进行商业考察时，他在北京长城饭店接受《中国青年报》记者采访时指出，自己的成功归功于做了重要的职业规划。而2011年诺贝尔经济学奖得主托马斯·萨金特则认为，比尔·拉福之所以能够成功，是因为他明白急于求成在很多时候往往欲速则不达，而适当推远理想反而是一种备战人生的最佳方式。

不过，细细分析比尔·拉福的成功，你难道不曾发现，在推远理想的过程中，科学而合理地处理好服从与抗拒的关系，巧妙地利用米尔格拉姆效应也相当重要吗？

Part 10 第十章

弗洛伊德与自重感效应
自我重视的心理陷阱

身在职场，不知你是否发现，身边总会有那么一两个同事，无论何时总想引起他人的注意，总希望自己成为众人眼中的焦点；在校生活中，不知你是否记得，班级里总有那么一两个同学，调皮捣蛋让老师头痛不已，自己却乐此不疲……不过，当你谈到这些同事、同学时，你却不得不承认，他们的确让人印象深刻。而这正是其行为背后的根本动机——引起他人注意。这就是心理学上自重感效应的灵活再现。

第一节　自重感效应与弗洛伊德

人们需要被认同

要理解自重感效应，首先要明白何为自重感。所谓自重感，简言之就是个体认为自己很重要。进一步来分析，它是个体的一种接受自己且喜欢自己的感觉，体现了个体对自己的认可和热爱。由此可知，自重感效应是指个体需要他人重视自己的感觉。

自重感效应是精神分析学派的创始人、心理学泰斗弗洛伊德的理论。弗洛伊德认为，人一生最大的需求只有两个，一个是性需求，另一个是被当成重要人物看待的自重感需求。正是基于这种内在的心理需求，产生了满足他人的自重感的心理效应——自重感效应。这一心理效应是人际交往中获得彼此信任的重要手段。心理学家杜威认为："人类天性中最深刻的冲动就是被人重视的欲望。"这些理论最终在人本主义心理学家马斯洛的需求层次理论（hierarchical theory of needs）中得到集中的概括。

出生于纽约市布鲁克林区一个犹太家庭的马斯洛，在关于人类心理的研究中发现，作为人内心世界核心的东西，需求统摄着人的一切意志和认识。因此，个体的内心存在着两类不同类型的需要，一种是对食物、水、空气等维系人类生存的低级需求，称为生理需求；其次是在低级需求得到满足后，个体在进化的过程中，产生的对人身安全、生活稳定等的安全需求，对友情、信任、温暖、爱情的社交需求，对实力、名誉、声望等自我尊重和来自他人的尊重的需求，以及充分发挥自我潜能、实现自我理想的需求。

我们从马斯洛的需求层次理论中可以看到，社交需求、尊重需求等高级需求中，包括了自重感的需求。

自重感效应的实质

哲学家贝克莱（Berkeley）认为，存在即被感知（To be is to be perceived）。贝克莱传达的意思是，个体需要被另外一个心灵看见才能证明某事存在。从本质上来看，这种存在感，其实是自重感的一种体现，也是个体的高级心理需求。

每一个个体在其成长过程中，总想要找到证明自己存在的实例。这一点可以说是人类先天就具备的一种需求。初生婴儿一旦被忽视，他们就会用哭声引起成人的注意，以证明他们的存在。

同样，一些个体在成长的过程中，也出现了为获得他人的注意而故意做出的种种行为。比如学习差的学生故意违纪、恋人中一方因被忽视而不停地与对方争执……这些均证明了存在感是个体成长中的一种内在需求。

然而，并非每一个个体均会出现以上行为，而行为之所以不同，其根本的区别就在于个体的存在感，或简言之自重感是否得到了满足。这种满足，其实投射的是个体内在安全感的获得。

个体在成长过程中，要面对客观世界，而它是不可知的，也是个体无法把控的。因此，就算是经过千万年的进化，人类心理已经具有了对危险的认知能力，并对未来将要出现的危险具有了一定的感知力和想象力，但实际上，在个体看似平静的内心深处，其实隐藏着各种危险感，也称为不安全感（insecurity）。

概括来说，人类不安全感的来源可谓多种多样。这其中有来自个体之外的人或事物，如地震、洪水等自然灾害，有猛兽袭击、交通事故等意外事件，有打架、杀人、抢劫、强奸等他人的威胁，甚至在人与人之间的交往中发生的利益冲突等，均会给个体带来不安全感。于是，个体为了消除这些不同类型的不安全感，就会从外在到身心不断地做出各种努力。

为此，一些个体通过努力工作来提升自己，展现出自己的能力，获得他人的认可，得到他人的赞美和表扬；一些个体则以表演性的冲动行为，如人际交往中夸张的动作等幼稚化的言行或过分夸张的自我抬高，以获得接纳和关注。就本质而言，这其实源于个体内心无意识的羞耻和对不安全的恐惧，体现了对别人关注的强烈依赖的愿望，折射了自重感的缺失。

正是基于自重感产生的以上原因，心理学家反向提出了自重感效应之于人际交往的重要作用。自重感效应，于个人而言，可以让个体在人际交往中满足安全感，获得认可和尊重，体现自我价值；于他人而言，巧妙地运用自重感效应，给予他人认可和肯定，不但有利于提升对方的自我价值感，而且有利于良好的人际关系的形成。

精神分析的创始人

追溯自重感效应的来源，就不能不提西格蒙德·弗洛伊德。正是这位精神分析学派的创始人，让自重感出现在心理学研究中，出现在人们的视野中。

1856年5月6日，弗洛伊德出生于奥地利摩拉维亚小镇弗赖贝格市锁匠巷117号的一个犹太家庭。他的父亲雅各布·弗洛伊德经营着羊毛商店，为人善良老实，母亲阿玛莉亚·那萨森长相漂亮，不过性格相当暴躁。弗洛伊德是家中的第三个孩子。

第十章·弗洛伊德与自重感效应

弗洛伊德3岁时，全家搬到了德国莱比锡。一年后又搬到了奥匈帝国的首都维也纳。弗洛伊德的启蒙教育是由父亲和母亲完成的。直到9岁时，他才进入著名的利奥波德地区实科中学（初高中一贯制）读书，开始接受正式的学校教育。

在这所学校里，他以优异的表现，赢得了老师的喜爱和同学的钦佩。他具有极高的学习力，不但阅读了大量的古希腊和古罗马的古典文学作品，还学习了拉丁语、希腊语、法语和英语，自学了西班牙语和意大利语。读高中期间，他还因一位朋友的影响，打算将来做一名律师。

1873年秋，年仅17岁的弗洛伊德以优异的成绩毕业，随后进入维也纳大学医学专业学习。上大学期间，他不但学习了医学、化学、解剖学、植物学、矿物学等相关知识，而且选修了恩斯特·布吕克（Ernst Brücke）教授主讲的"语态和语言生理学"。可以说，布吕克教授对他的影响相当巨大。鉴于当时维也纳大学要求每个学生必须精通一门哲学，于是弗洛伊德还选修了布连坦诺教授的哲学思想。此后，布连坦诺教授对弗洛伊德的一生都造成了极大的影响。

尽管要学的知识复杂繁多，但由于弗洛伊德早在中学和大学预科时就已经精通了希腊文、英文和拉丁文，因此学习这些知识对他而言，并没有太大的困难。最为可贵的是，由于熟练掌握了

鸟笼效应

多种语言，弗洛伊德得以自主寻找亚里士多德的原本精心研究，从而避免受到后世被歪曲的亚里士多德思想的影响。加之他是一个具备求实精神的人，每遇到问题，一定要查阅相关资料后才得出结论，因此弗洛伊德形成了自己对哲学、生理学、解剖学等方面的看法和见解。

除了大量阅读和学习，弗洛伊德还认真进行相关研究。他跟随弗朗茨·布伦塔诺（Franz Brentano）进行哲学研究，跟随布吕克进行生理学研究，跟随卡尔·克劳斯（Carl Claus）进行动物学研究。

布伦塔诺的哲学研究，以知觉和内省理论而闻名。1874年，他从经验的观点讨论了心理学中无意识的可能存在，这为后来弗洛伊德引入无意识这一概念发挥了重要的作用。1876年在特里亚斯特的克劳斯动物研究站进行的整整四周的动物研究，让弗洛伊德能在解剖了数百条鳗鱼的基础上，认识了鳗鱼的雄性生殖器官。1877年，他进入布吕克的生理学实验室，用了整整六年的时间对人类和其他脊椎动物的大脑进行比较。这些神经组织生物学方面的相关研究，为他在19世纪90年代发现神经元起到了极其重要的作用。1879年，因为要义务服兵役一年，弗洛伊德不得不中断了相关研究。不过，他却在这一年翻译了约翰·斯图尔特·密尔的四篇文章。

第十章・弗洛伊德与自重感效应

1882年，弗洛伊德在维也纳总医院开始了他的医学生涯。1882～1891年，他在脑解剖学、失语症的研究方面获得了极大的成果。通过在医院各部门的轮流工作，尤其是在西奥多·梅内特的精神病诊所和当地的精神病院当医生的经历，激起了他对临床医学，尤其是精神病学的兴趣。

1886年，弗洛伊德在获得维也纳大学医学院的学士学位后，开设了自己的私人诊所，开始用催眠进行心理治疗。在为患者治病的同时，他继续自己的相关研究工作。在精神疾病的治疗过程中，弗洛伊德不断发展自己的理论，相继提出了意识、无意识、自由联想等心理学概念，确立了他的精神分析理论。

弗洛伊德的精神分析理论是现代心理学的奠基石。他在精神分析理论中指出，人的精神活动包括欲望、冲动、思维，幻想、判断、决定、情感等，它们会在不同的意识层次里发生和进行。这些精神活动，有些是可以察觉到的，称为意识；有些是察觉不到的，称为无意识或潜意识。介于二者之间的就是前意识，即需要通过某些特定的事件或行为才能被唤醒。

除了意识、前意识和无意识，弗洛伊德的精神分析理论还提出了本我、自我和超我构成的人格结构。本我是人格结构中最原始的部分，也是一切心理能量之源，包括生存所需的基本欲望、冲动和生命力。本我行事按快乐原则进行，不受任何外来因素影响。自我即自己，是人格结构中最真实的自己，包括自己可意识到的执行、思考、感觉、判断或记忆的部分，其目的是寻求"本我"冲动的满足，同时可以保护整个机体不受伤害，其行动原则是遵循现实，为本我服务。超我是人格结构中的理想主义者，它是在个体成长过程中通过内化道德规范、内化社会及文化环境的价值观念而形成的。其特点是追求完美，因此行事遵循的是符合道德要求的原则。

除了以上理论，精神分析理论还包括性本能理论、释梦理论和防御机制。这些理论为现代心理学的出现和发展奠定了基础，对整个心理科学乃至西方人文科学的各个领域均产生了深远的影响。

第二节 双向认同：人人都想成为英雄

自重感效应助力成功

自重感效应表明，一个人如果自重感被满足，反过来会认同重视他的人。个体在社会生活中，倘若能恰当地运用自重感效应，就可以识别自身和别人的自重感需求，从而促进自我认知，提高人际沟通质量，创设良好的人际环境。

2020年3月，美国微软公司发布消息称创始人比尔·盖茨（Bill Gates）退出公司董事会。尽管比尔·盖茨退居微软公司的幕后，但他的影响力却一直存在着。回顾他的成功经历及微软公司从创立到发展的过程，人们在感叹其成功的同时，也不能不佩服这位少年得志的商界名人对于自重感效应的巧妙应用。

1955年10月28日，盖茨出生于美国西北角临太平洋的西雅图市的"瑞典人医院"。盖茨的父亲威廉·H.盖茨（William H. Gates）是西雅图著名的律师，母亲玛丽·麦克斯韦·盖茨（Mary Maxwell Gates）是一名教师，家境殷实，家风清正。盖茨

鸟笼效应

原来的名字是威廉·亨利·盖茨三世，由这个名字就可知其家庭的不平凡。事实也的确如此，盖茨家族从他的曾祖父开始，凭着不容置疑的勤奋，从二手家具公司——美国家具公司起步，发展成销售新货的家具公司，创立了自己的企业。而他的祖父则凭着承自父亲的勤奋，以及好交际、得人心的人格魅力，活跃于当地每个民间组织和社交俱乐部，在拓展了人脉的同时，也拓展了自己的商业版图。盖茨的父亲则更加显示出盖茨家族企业家的天赋，凭借着律师职业，拥有着雄厚的人脉，为家族企业助力。

单单是父系家庭的实力已经不容小觑，母系家庭的实力，更为盖茨的成长助力。盖茨的母亲玛丽早在大学期间就表现出了极强的社会活动能力，而她的家族也为她的发展提供了强有力的支持。盖茨的母系家族有着极强的金融背景，盖茨的曾外祖父早年是一个全国性的知名人物。他虽然是一名物理学家的儿子，却从银行的一般听差做到助理出纳，后与一些名人做朋友，成为银行家，创办了美国交易银行，即后来的私立银行马克斯韦尔-史密斯公司。在跻身上流社会和政界后，他还在西雅图创建了美国城市银行，在金融界赢得了极高的声望。盖茨的外祖父同样从银行的一名信差起步，最后成为太平洋国民银行的副总裁，而这家银行后来成为第一洲际银行——美国第九大银行。这个家族高瞻远瞩，极其重视对后辈的培养，为家族的后代留下了100万美元的托管基金。

生长于这样的两大家族，盖茨的父母无论是能力还是发展前景均不会泯然众人。夫妻二人不但外形、气质不凡，而且为人热情亲切，做事低调谦逊，不但没有太平洋西北地区冷淡的礼貌，而且以南部上层社会的文雅风度打动着周围的人，打造了极好的人际关系。

在家庭氛围和父母的熏陶下，盖茨从小就表现得不平凡。他不但开朗活泼、精力充沛，而且记忆力超强，对外界事物保持着强烈的好奇心。7岁时，他就常常几个小时地阅读《世界图书百科全书》。在阅读这本几乎有他体重1/3的大书时，他还经常陷入思考。这种好奇心和思考力，与他后来成为信息时代的奇才、软件产业的巨头不无关系。

盖茨的父母注重培养他的独立生活能力，支持他与人交流。因此早在上小学时，他就开始寻找锻炼自己的机会。9岁时，他就能主动找到学校图书馆，做图书分类工作，并因为孜孜不倦的工作态度给图书馆管理人员和老师留下了深刻的印象，和图书馆管理员、老师建立了良好的关系。

上中学时，盖茨进入湖畔中学（Lakeside School）就读。在这所学校里，他越来越喜欢思考问题，更表现出过人的人际协调能力。没人会想到，这个个子矮小的不起眼儿的学生，不但联合

鸟笼效应

几名同学成立湖畔程序员俱乐部来赚钱,而且在课余时间和同学保罗·艾伦(Paul Allen)利用一本指导手册,开始学习Basic编程。也就是从这时开始,盖茨编写了他的第一个计算机程序,生产基于英特尔8008处理器的流量计数器。

1973年,盖茨考进了哈佛大学。遵从父母的意愿,他选择了法律预科专业,不过他同时攻读了数学和研究生课程。1975年1月的美国《大众电子》(Popular Electronics)杂志上,刊出了一篇Micro Instrumentation and Telemetry Systems公司(MITS)介绍其Altair 8800计算机的文章。艾伦推荐盖茨阅读此文,并了解这款机器。随后,盖茨联系了MITS总裁埃德·罗伯茨(Ed Roberts),将自己与其他人正在为该平台开发一个基本的解释器的信息告知对方。实际上,当时他们根本连一行代码也没有写。2月1日,经过夜以继日的工作后,盖茨和艾伦编写出可以在Altair 8800上运行的程序,出售给MITS的价格为3000美元,但相应的版税却高达18万美元。看到盖茨如此想开展自己的事业,他的父母对他表示支持。同年11月,盖茨从哈佛休学,在阿尔伯克基办公室和艾伦共同开始为MITS开发软件。艾伦将二人的合作关系用"微软件"来称呼,即"微型计算机"和"软件"的结合,而他们高中时期的合作伙伴里克·韦兰德则成为他们的第一个雇员。1976年11月26日,微软公司正式在新墨西哥州注册。

微软成立后，盖茨一直在学校生活和学习，其人际关系网络更多的是在学生中间。而这些学生人脉，帮助他形成了自己的群体，如艾伦、里克·韦兰德、史蒂夫·鲍尔默，这些同学关系从微软的创立到后来的发展中，都起到了巨大的作用。但是对于初出茅庐的盖茨来说，要想让微软发展，获得足够多的业务，还需要更多的社会资源。而此时，来自家族的庞大的社会关系网为其公司的发展提供了强大的助力。

微软成立当年，20岁的盖茨就从IBM获得了第一份合约。他之所以能与当时全世界第一强电脑公司——IBM签约，凭的就是其母亲的关系。当时，盖茨的母亲恰好是IBM的董事会董事。在母亲的介绍下，盖茨认识了IBM的董事长。良好的人脉加上盖茨团队的实力，让他们就这样起步了。

随后，在微软公司的发展过程中，盖茨积极发展国内外的人脉资源，尤其是国外资源，更是在朋友们的帮助下开展了市场调查和市场开拓。日本人西和彦就是在微软发展中，盖茨获得的一个来自国外人脉的支持。

比盖茨小一岁的西和彦，被誉为"日本的比尔·盖茨"，也是一个电脑天才。他能敏锐地洞察先机，善于发现并争取、抓住良好的机遇。微软成立之初，因业务关系，盖茨和西和彦相识，并成为莫逆之交。西和彦不但向盖茨介绍了日本市场和日本人做生意的特点，而且为比尔·盖茨找到了第一个日本个人电脑项目，帮助微软开辟了日本市场。1977年，微软公司开始进军日本市场，盖茨请西和彦担任微软的副总经理。可以说，西和彦极大地影响了盖茨和微软日后的管理风格。

比尔·盖茨曾就自己的事业发表了下面的言论："在我的事业中，我不得不说我最好的经营决策是必须挑选人才，拥有一个完全信任的人，一个可以委以重任的人，一个为你分担忧愁的人。"而完全信任、可以委以重任、为其分担忧愁的人，均与他灵活理解和运用自重感效应密切相关。正是由于他在人际关系中能给予他人尊重、信任，让他获得了他人的尊重和信任，由此构建了良好的人际关系，为其成功提供了助力。

双向自重成就自己

美国人哈维·麦凯不但是环球公司的联合专栏作家，而且是著名的商人、世界一流人缘资源专家。麦凯的成功，同样源于他对自重感效应的理解，因此在成全他人的同时，也成全了自己。

1932年，麦凯出生于美国明尼苏达州圣保罗市的一个俄罗斯犹太移民家庭。麦凯的父亲是美联社记者，在美联社圣保罗办事处工作，母亲是一名代课教师。从小，麦凯就做过不同的工

第十章·弗洛伊德与自重感效应

作,如挨家挨户卖杂志、送报纸、铲雪和割草等。上高中时,麦凯还每周在一家男装店当店员,周末则当高尔夫球童。这些工作经历增加了他的阅历,锻炼了麦凯的人际沟通能力和销售能力。

1950年,麦凯从明尼苏达州圣保罗市的中央高中毕业后,进入明尼苏达大学双子城分校的历史文学专业学习,同时从事校内高尔夫运动。四年后,他获得了该校的历史文学学士学位。

毕业后,麦凯开始找工作。当时,身为记者的父亲虽然认识一些政商两界的重要人物,但他更想让麦凯经受一番波折,毕竟挫折同样是锻炼。然而,当时的大学毕业生太多了,几经周折之后,麦凯还是没能找到工作。就在麦凯倍感沮丧之际,他发现布朗比格罗公司正在招聘工作人员。麦凯兴奋极了,他想抓住这次机会。他向父亲了解布朗比格罗公司时,父亲告诉他,这家公司是全世界最大的月历卡片制造公司,董事长叫查理·沃德,自己曾采访过他,并写过关于他的一些报道。

了解了公司的相关情况后,麦凯开始打电话向这家公司应聘,请求给他面试的机会。先后两次都被拒绝了,麦凯实在不想失去这个机会,于是在第三次打电话时,他告诉接电话的人,自己认识董事长查理·沃德。就这样,他获得了和沃德通话的机会。在通话中,沃德只是简单地了解了麦凯的情况,就告诉他第二天到办公室来面谈。

第二天，麦凯如约来到沃德的办公室。令他没想到的是，面试变成了聊天。原来，沃德此前因为税务问题被判入狱，而麦凯的父亲在进行报道的过程中，认为这个案件存在失实之处，于是亲赴监狱采访沃德后，写了一些公正的报道。这让读了太多不实报道的沃德深受感动，同时深深地钦佩。出狱后，他和麦凯的父亲就成了好朋友。

在轻松愉快的面试结束时，沃德告诉麦凯，他将会被派到"金矿"工作，工作地点就是对街的Quality Park信封公司。所谓"金矿"，是指薪水和福利最好的单位。就这样，在街上闲晃了一个月的麦凯，如此轻易地得到了一份工作，更是一份事业的起点。

进入Quality Park信封公司后，麦凯从一名信封销售员做起。在工作的过程中，他熟悉了经营信封业的流程，懂得了操作模式，学会了推销的技巧，积累了大量的人脉资源。这些资源让麦凯成为Quality Park信封公司的头号销售员，也成为他后来发展事业的关键。

1959年，麦凯离开Quality Park信封公司，用在公司工作期间的收益，购买了一家破产的信封制造商，开始拥有了自己的企业——Mackay信封公司。多年后，麦凯曾对沃德表示感谢，认为是沃德给了他工作，创造了他的事业。但必须承认，这正是麦凯能巧妙地利用人脉给自己争取机会的结果。

第十章・弗洛伊德与自重感效应

在经营公司的过程中，麦凯意识到了管理的重要性，也进一步认识到人际关系的重要性。于是他进入斯坦福大学商学院，在学习高管课程的同时，拓展自己的人际关系。1968年，麦凯从斯坦福大学商学院毕业后，凭着科学的管理思维辅以良好的能力，麦凯个人和公司的发展越来越好。

1985年，Mackay信封公司推出了Photopak。这是一种可以保存处理过的打印照片的信封，该产品让麦凯的公司发展为北美最大的照片信封供应商。2000年，麦凯把Mackay信封公司卖给了一家管理集团，他自己成为该公司的合伙人和董事长。2002年，Mackay信封公司发展成拥有500名员工，日生产2500万个信封，年销售额为1亿美元的大公司。

伴随着公司的发展，麦凯个人也在不断提升。1988年，麦凯写了他的第一本书《与鲨共泳》（Swim with the Sharks without Being Eaten Alive）。这本书在《纽约时报》畅销书排行榜上榜54周，销量超过500万册。继这本书之后，麦凯开始了他的演讲生涯。正是在演讲途中，他认识了著名主持人拉里·金。

一天，麦凯在电视台录制节目时，被他人介绍给了拉里·金认识。归途中，拉里·金邀请他同乘一辆车。麦凯知道，这是一个与对方成为好友的难得且短暂的机会。不过，麦凯并不清楚拉里·金的爱好，更不清楚对方的家人情况，唯一知道的就是拉里·金最近写了一本新书。于是他就以此为切入点，和对方聊了起来。没想到，这样的话题引起了拉里·金的兴趣。随后，麦凯向拉里·金介绍了批发商在书籍推广中的巨大作用，并巧妙地暗示对方自己有较好的此方面的资源，可以与之共享，并说可以介绍拉里·金与对方认识，让对方为拉里·金组织一个新书签售活动。此外，麦凯还向拉里·金介绍了一些大型书店的老板，而这些资源于拉里·金来说是相当重要且必需的。因为在某种程度上，他的新书大卖要依赖这些人的帮助。随后发生的事情就顺理成章了，拉里·金和麦凯建立了长期且稳定的联系，二人成了好朋友。

后来，麦凯的一系列新书的宣传以及相关的采访活动，拉里·金也提供了相应的帮助和支持。麦凯书籍的出版和畅销，除了书籍中体现的麦凯的管理经验和才华外，不能不说，与麦凯出色的人际网也有一定的关系。

哈维·麦凯的经历告诉我们：你能为别人做的事情越多，你贡献的价值就越大，你的吸引力就越大。因此，在人际交往中，要学会利用自重感效应。一方面要提升自己的能力，体现自己的价值；另一方面，在获得他人认可和尊重的同时，也要巧妙地运用自重感效应，给予他人认可和肯定，尽可能为别人做点儿什么，这样所做的事情自然会水到渠成。

Part 11 第十一章

阿伦森与互惠关系定律

自我关怀的心理陷阱

在人际交往中，投桃报李是最基础的法则。人人都喜欢那些喜欢自己的人，因此真诚地喜欢他人，也会收获他人的喜欢。同样，人际交往中，人人都讨厌那些讨厌自己的人，纵然表面上亲密无间，发自内心的讨厌也会无可掩盖地表现出来。所以，人与人之间倘若相互喜欢，纵然不用语言也会自然地流露出来。这种彼此喜欢的情感，心理学上将其总结为互惠关系定律。

第一节　说服力是靠行动做出来的

情感互逆，创设良好关系

互惠关系定律，亦称相悦法则，是一种投桃报李的人际相处原则。它意在告诉我们，人们总是更喜欢那些喜欢和接纳自己的人，虽然那些人不一定外表漂亮，不一定智慧过人，也不一定拥有很高的地位，但是因为对方很喜欢我们，愿意接纳我们，于是我们也很喜欢他们，愿意接纳他们。这就是一种情感的互逆过程。

个体从出生到死亡，一直都是集体中的一员。因此，人际关系对于个体的健康成长和幸福生活影响巨大。而人际关系中的相悦性，正体现了良好的人际关系的重要性。社会心理学家艾略特·阿伦森（Eillot Aronson）在人际关系的研究中，发现了互惠互利的关系的重要性。因此，他与几个心理学家就此进行了专门的研究。

实验人员选取了两组互不相识的被试，其中一组是故意安排的假被试，并故意安排两组被试参加一系列合作性的活动。在活动结束后，假被试需要当面评价他的合作伙伴，然后再让真被试选择下一次活动的合作者。结果发现，受到表扬的被试倾向于选择以前的合作伙伴；而受到抱怨和批评的被试，则倾向于拒绝原来的搭档。

实验表明，每个人都喜欢、接纳对自己友好的人，而排斥那些不喜欢自己的人。阿伦森据此提出人际关系中的互惠关系定律。这一定律说明，在人际关系中，个体被他人接纳和喜欢是建立在自己喜欢、接纳对方的基础之上的。

后来，一些心理学家在阿伦森实验的基础上，深入展开了一系列的相关实验。其中，美国康奈尔大学的雷根教授主持的艺术欣赏实验，进一步证明了互惠关系定律。

研究者选取了一些被试，其中有他们邀请来的人，也有提前安排好的假被试（雷根教授的助手）对一些画作进行所谓的"艺术欣赏"，然后给这些画作评分。实验分为两种情境进行：

情境一：假被试在评分休息期间，出去几分钟，买了两瓶可乐，给了真被试一瓶，并告诉他："我去买可乐，顺便给你带了一瓶。"当时的可乐价格是10美分一瓶。

情境二：假被试在休息期间出去后，并没有给实验对象带任何东西。

结果，双方对画作评分结束后，假被试请真被试帮助自己，声称自己目前正在卖彩票，如果卖的彩票数量是最多的，就会得到50美元的奖金，而彩票是25美分一张。这一实验旨在比较在以上两种情况下，假被试卖掉彩票的数量。

结果，处于第一种情境下，当假被试赠送真被试可乐后，卖掉的彩票数量是处于第二种情况下卖掉的彩票数量的2倍。

在这个实验中，两种情境的不同之处就在于，假被试给予了对方恩惠，因此对方做出了积极的回应——购买其销售的彩票。由此进一步证明，互惠原理的关键就在于一方的行为造成了另一方的负债感，于是另一方为了减轻自己的内在心理压力，采用类似的行为来回报对方。

互惠定律的本质是满足需求

互惠关系的产生源于回报心理的影响。个体获得他人的恩惠越多，其回报心理就越强烈，由此引发的回报行为就越强烈。因为个体要调解由负债感引发的心理压力，就会做出相应的回报行为。于是在双方不断互惠的过程中，回报行为不断发生，互惠关系不断形成。互惠关系的本质主要包括三个方面：

一是维护自己的心理平衡。通常大部分人在受惠后均会产生负债感，由此造成心理不安，进而引发压力。这种压力只能通过相应的回报方能疏解。一旦给予对方相应的回报，个体的内在心理状态就会得以改善，进而达到新的平衡。

二是保持人际交往。就本质而言，互惠是促成人际交往的重要前提。人与人之间，正是通过互惠互利促进不断来往，进而不断扩大人际交往圈，消除自身的孤独感与寂寞感。从这一角度而言，互惠行为不但可以消除内心的不平衡感和压力感，也会在一定程度上促成良好的人际交往关系的形成。

三是获得社会赞许。从众行为是每一个个体均存在的心理。长期以来，社会性行为中的一些行为，已经成为约定俗成的行为。倘若某个个体接受了他人的恩惠而不予以回报，就会成为不受欢迎的人。纵然个体出于某些特殊原因而不能给予相应的回报，也不能得到他人完全的谅解。所以，出于获得社会赞评的目的，个体也会对施惠者施予相应的回报行为，进而促使互惠关系的产生。

互惠关系定律，体现的是一种人际交往原则，即每个人在人际交往中都有责任回报他人给予的恩惠。因此，在人际交往中，巧妙而灵活地运用这一定律，不但可以让我们产生利他行为，也便于我们在人际关系中正确认知自己，避免因受惠而受害，也可以让自己保持理性心理，在感恩与回报中灵活调整自己的行为。

三栖全才艾略特·阿伦森

在社会心理学领域，艾略特·阿伦森可谓贡献颇丰。他提出互惠关系定律，并对其展开科学研究，促进了后来者对人际关系的进一步研究，也让社会中的个体能依据定律，科学规范自己的行为，促进良好人际关系的形成。那么，这位杰出的社会心理学家是一个怎样的人呢？

1932年1月9日，阿伦森出生于美国马萨诸塞州切尔西的一个犹太家庭。他的父亲哈里·阿伦森是来自俄罗斯的第一代移民，以推车贩卖内衣和袜子起家，后发展为拥有两家服装店的老板，之后娶了虽然同样是俄罗斯移民的后代，但从小生长在美国中产阶级家庭的多萝西——艾略特的母亲。然而，在1935年的经济大萧条时期，哈里的商店倒闭了，住所也因无法偿还贷款而被银行没收，一家人不得不搬到一个贫民聚集之地——里维尔。虽然这时的阿伦森只有3岁，但直到成年后，他仍清晰地记得那段时间家中的贫穷状况：因为没钱，一家人不得不经常饿肚子；因为没钱，鞋底出现破洞不得不用硬纸板塞进鞋里修补；因为没钱，一家人经常被迫半夜搬家……物质上的贫穷带来了精神上的贫穷，一方面，父亲的一蹶不振，母亲的抱怨，让贫穷的家中经常笼罩着低沉、压抑的气氛；另一方面，陪同母亲去救济站领取救济食物的过程，也让小小的阿伦森感受到了母亲的屈辱。到了上学的年龄，由于他的家庭是附近地区唯一的犹太家庭，阿伦森在从希伯来学校回家的路上，经常遭到反犹太主义团伙的欺侮。

这段在欺凌中的成长经历，让阿伦森形成了木讷、内向的性格。在学校里，他从不主动发言，即使偶尔被老师提问，回答时也会结结巴巴、面红耳赤。当然，这样的性格影响了他的人际关系，影响了他的学习，以至于被老师和同学看作是笨家伙。成长中的这些经历，在阿伦森开始心理学研究时成为他思考的沃土。

从希伯来学校毕业后，阿伦森像哥哥一样，在杂货店和超市打工。在打工的过程中，他除了进一步感受失败的滋味外，也进一步体会了人际关系的微妙。1949年，阿伦森上了高中，高三时他失去了父亲。在父亲生病和去世的那段时间里，阿伦森在观察父母的关系的过程中，进一步引发了他对不同的人际关系——伴侣、亲子等关系的思考。

高中阶段，阿伦森成绩平平，但由于他的SAT成绩很高，他赢得了布兰迪斯大学的勤工俭学奖学金，加之学校为他提供了一份兼职工作，足够支付他的大部分费用，于是他进入这所大学的经济学专业学习。进入大学后，阿伦森认识到自己的个性对人际关系的影响，于是他暗暗告诉自己，一定要多与外界接触。这种自我改变，让他得以在大学期间结交了一些好友，这些朋友大多头脑聪明，但个性强硬、言辞犀利。与他们相处的过程中，阿伦森发生了改变，不但变得外向，学会了反击，而且开启了自己的恋爱生活。

在生活发生改变的过程中，阿伦森感受到了幸福的同时，也对自己学习的这个基于父亲的愿望、侧重于实用知识与技能的专业——经济学感到迷茫。

一次，阿伦森陪女朋友上课时，偶然听到了时任布兰迪斯大学教授马斯洛的一节心理学导论课。在这节课中，马斯洛从心理学角度阐述了种族和民族偏见。阿伦森在震惊的同时，开始回顾自己的成长经历，意识到这门完整的科学可以让他探索儿时感兴趣的诸多问题，他由此对心理学产生了浓厚的兴趣。在这节课后的第二天，他就转到了心理学系。

在心理学系的学习中，阿伦森得以近距离与受人尊敬的心理学家马斯洛接触，向他学习。马斯洛也成为启迪阿伦森心智的导师。他所持的人本主义心理学思想对阿伦森早期的学术生涯产生了重要的影响，让自我实现的概念深刻地印入阿伦森的内心，并激起他的强烈共鸣。

然而，在跟随马斯洛学习的过程中，阿伦森发现，马斯洛针对自己提出的一些问题所给出的答案让自己感到失望，这就促使他进行更深的探索，从而确立了运用心理学的智慧和知识改善人

鸟笼效应

类境况的模糊想法。

在大学学习期间，为了积累临床经验，也为了获得收入以维持生活，阿伦森每逢周末和暑假就会去布莱顿的圣伊丽莎白医院精神病房当护理员。在工作中，他虽然与几位病人建立了友谊，但随着了解了更多的心理治疗手段，他开始改变自己成为临床心理学家的理想，并在1954年从布兰迪斯大学毕业后进入卫斯理大学（Wesleyan University），开始了两年的心理学学习。

在卫斯理大学，阿伦森是心理学系唯一的研究生，因此没有同伴与之交流观点和看法，更不能分享焦虑，他完全在教授的指导下进行相关的训练。这让他得以和每一位心理学家随意交流。在平等而热烈地讨论问题的过程中，多位心理学家，尤其是导师戴维·麦克莱兰（David McClelland）对阿伦森产生了深刻的影响。在协助这位一生致力于成就动机研究的心理学家进行研究的过程中，阿伦森得以站在大师的角度看待问题，不断接受各种挑战。作为研究生，阿伦森除了协助导师进行相关的心理学研究，还要为本科生授课。教学工作让他得以从不同的视角关注教学过程，在形成自己的教学风格的同时，他也积累了自己的研究素材，获得了新的感悟。

卫斯理大学的学习结束后，阿伦森进入斯坦福大学工作和学习。所谓工作，是指阿伦森在斯坦福大学有一份助教工作。在斯

第十一章·阿伦森与互惠关系定律

坦福大学工作期间，阿伦森以其出色的教学能力，在助教工作中表现优秀，他设计并运用的一种"温和的苏格拉底式"的讲课风格，总能激发学生思考问题，将学生引领到一个有趣的视角看待问题。教学的同时，阿伦森跟从心理学家费斯廷格进行认知失调理论的学习和研究。在学习过程中，阿伦森不但培养了严谨的科学研究风格和态度，而且设计并主持了人生中的第一个实验研究——高影响实验。在实验设计与研究过程中，阿伦森不但在研究领域取得了一定的成就，而且明确了自己的研究目标：发现人类行为的规律，将其提炼为可被验证的假说，设计实验验证假说的关键部分。可以说，这一目标的设定，引导着阿伦森从此走上了开启人类行为的神秘大门之路。

1959年，阿伦森获得了斯坦福大学心理学博士学位，随后受聘到哈佛大学任助理教授，从此翻开了他人生新的一页。

在哈佛大学任教期间，阿伦森在教学之余继续进行实验研究。他针对自己在斯坦福大学最后一年与费斯廷格反复讨论的一个问题——认知失调理论的适用范围，进行了深入的研究。在不断地实验过程中，他修正完善了这一理论，使之从一个有关态度的理论转变为有关自我的理论。阿伦森认为，假设该理论当态度和行为不一致（失调）时，个体会产生心理不适。这种不适促使经历这种不适的个体改变行为或态度，以便恢复和谐。为此，他设计并进行了"哈佛社会敏感性测验"、自我说服实验。由实验结果可知,阿伦森证明了那些经历一次尴尬的开始而进入一个群体的人比那些在一次温和或简单的开始之后被接纳的人对这个群体的评价更为有利。他提出的认知一致性理论认为,不和谐理论并不是建立在人是理性动物的假设之上;相反,它表明人是一种理性化的动物——他试图在他人和自己面前表现出理性。

在到耶鲁大学心理学系做一场学术报告时,阿伦森和斯坦利·米尔格拉姆相识。当米尔格拉姆关于服从的研究结果发表后,阿伦森对米尔格拉姆的实验给予了科学而公正的评价。他认为,对米尔格拉姆的实验的指责,大多忽视了被试的坚强和乐观,因为实验中的被试在事后都认为那次实验给他们上了无比珍贵的一课。

继哈佛大学之后,阿伦森先后在明尼苏达大学、得克萨斯大学和加州大学圣克鲁斯分校任教。在教学过程中,他领导开发了一种课堂技巧——拼图式课堂教学法。这一教学方法旨在化解群体的紧张情绪,提升自尊,使课堂上的学生为了一个共同的目标而合作。

1971年,得克萨斯州奥斯汀刚刚取消种族隔离的学校面临着种族间的暴力危机。阿伦森注意到,这种紧张的种族竞争因学校高度竞争的氛围而加剧。于是他和他的研究生们一起,开发了拼图式课堂教学法，以鼓励共同目标和相互支持的文化。在拼图式课堂教学法中，教师先将全部教材内容分成数个部分；接着将3～6位不同能力的学生分为一组，小组中的每一位成员被分配一部分教材并负责研读该部分教材；之后，各组研读相同部分教材的成员集合成为专家小组（expert group）进行讨论，而后每位专家小组成员返回原所属小组并教导其他成员其所精通的部分；最后，教师为全班每一位学生准备了一份内容包括全部教材的测验。

在这样的教学中，为了拥有整个课业的完整内容，学生们不得不将个人的每页拼凑起来，就如同在做拼图玩具。倘若某位小组成员没有分享其拥有的部分，那么拼图就不可能完整。这样做可以将责任加以划分，促使学生产生倾听对方意见的动力，从而让每个人都承担起对他人负责任的角色。

阿伦森是美国心理学会120年历史上唯一一位获得过写作奖、教学奖和研究奖三个主要奖项的人。2007年，他获得了心理科学协会颁发的威廉·詹姆斯终身成就奖。

鸟笼效应

第二节　成功离不开互惠关系定律

乔·吉拉德：互惠关系带来效益

互惠关系定律提示我们，你怎样对待别人，别人就会怎样对待你。在人际交往过程中，个体必须认识到：行为孕育行为，你对他人友善，他人也会对你友善；你对他人不友好，他人也不可能友好地对待你。因此，无论是个体还是群体，都要认识到，帮助别人也是帮助自己，要心存一颗感恩之心，要努力营造良好的人际关系，从而收获最后的成功。

连续12年荣登吉尼斯世界纪录大全世界销售第一的乔·吉拉德，被誉为"世界销售之神""世界上最伟大的销售员"。下面，我们就一起来看一看，乔·吉拉德是如何借助于互惠关系定律，让自己走上成功之路的。

1928年11月1日，乔·吉拉德出生于美国密歇根州的"汽车之城"——底特律市的一个意大利移民家庭。时值美国大萧条时期，乔·吉拉德的家和大多数美国家庭一样，陷于贫穷之中。

为了维持生活，9岁时，乔·吉拉德就不得不到酒店为人擦皮鞋、给人送报纸，以帮助父母，贴补家用。16岁时，乔·吉拉德迫于家中的经济压力，不得不辍学做了一名辛苦的锅炉工。结果繁重的劳动和污浊的空气又使他患上了严重的气喘病，他不得不放弃这份工作。乔·吉拉德的不幸，没能激起父亲的疼爱，相反，父亲斥骂他一无是处。这让他无比痛苦。幸运的是，他有一位善良而伟大的母亲，她没有因为儿子的不幸而打击他，相反，她激励乔·吉拉德，告诉他不要消沉，不要气馁，要相信机会会降临到每个人面前，机会对每个人都是一样的。同时，母亲努力让他相信，他和所有人一样，可以成为一个了不起的人。

在母亲的激励下，乔·吉拉德振作起来，在17岁时开始了泥瓦匠的生活。这是一份帮人盖房子的工作，虽然不稳定，但总算是有了一份收入。这样的生活过了13年，乔·吉拉德一直试图改变。为此，他做过多种尝试，仅工作就换了四十多份。最后，他孤注一掷地试图开赌场挣钱，可最后不但没成功，他还背负了6万美元的债务。因为无力偿还高额债务，银行收走了他的汽车和房子，他和妻子、两个孩子不得不搬离原来的住处，租房生活。

在巨大的压力和打击之下，乔·吉拉德再一次产生强烈的挫败感，当年父亲那些斥责的话语好像又回响在他的耳边。就在这时，他看到了妻子和孩子，感受到了自己的责任。当妻子问"我们没钱了，没有吃的了，该怎么办"时，他知道，他必须找一份工作，以保证家人的生活。

就这样，他走出家门，开始寻找养家糊口的工作。而在当时的底特律，唯有汽车销售工作相对比较好找，而且对学历没有过高的要求。然而，就是这样的工作，乔·吉拉德也是竭尽心力才获得了一次面试的机会。

当时正值冬季，正是汽车销售的淡季。面对乔·吉拉德的请求，汽车销售店的经理坦诚地告诉他，一方面他没有汽车销售经验，另一方面店里原本就没生意，倘若再雇用他，自己必定会引起其他销售人员的意见。不过，乔·吉拉德真诚地恳求经理给他一个机会，只要给他一部电话、一张桌子，他绝对不会让任何一个跨进门的客人空手走出这个大门。他还承诺，如果自己不能在两个月内成为店里最出色的推销员，他就自动离开。最终，乔·吉拉德的执着和真诚打动了经理，获得了这份汽车销售员的工作。

实际上，于乔·吉拉德来说，汽车销售员的工作实在不合适。因为销售员多是一些巧舌如簧的人，而他患有严重的口吃。但为了养家糊口，保住这份来之不易的工作，乔·吉拉德决定用勤奋和诚心，保住这份工作。从此，没有人脉的乔·吉拉德，靠着一部电话、一支笔和顺手撕下来的四页电话簿,将每天的八九个小时都用于坐在电话机前打电话寻找客户,拓展客源。只要有人接电话,他就将对方的职业、嗜好、买车需求等细节记录下来。虽然吃了不少闭门羹,但多少有些收获,他不但保住了这份工作,而且实现了当初的承诺。

短短3年之后,乔·吉拉德创造了平均每年销售1425辆汽车的成绩。在随后的汽车推销生涯中,他一共卖出了13001辆汽车,平均每天销售6辆汽车。令人吃惊的是,他销售的这些汽车,全都是一对一销售给个人的!他创造了至今无人能打破的全球单日、单月、单年度,以及销售汽车总量的世界纪录,因此得以成为跻身"汽车名人堂"的唯一的汽车销售员。

在一次演讲中,乔·吉拉德谈到自己的成功秘诀时,总结出三点:一是不管在任何情况下,都不要得罪任何一个顾客;二是随时随地派发名片;三是建立详尽的顾客档案。无论是"不要得罪任何一个顾客",还是"随时随地派发名片",又或是"建立详尽的顾客档案",其实质都是在给予他人尊重,进而促成真诚、平等和尊重的人际关系的产生。这正是互惠关系定律的本质。而借助于互惠关系定律,乔·吉拉德打造了良好的人际关系,获得了最终的成功。

鸟笼效应

巧妙互惠，打造人性化管理

巧妙地利用互惠关系定律，不仅对个人成长和发展有着极其重要的意义，对企业的发展同样起着相当重要的作用。这种重要的作用就体现在企业的人性化管理中。日本日立公司的发展，离不开其注重利用互惠关系定律，打造人性化的管理模式。

日立公司（Hitachi）是日本大型的综合性电机跨国公司。该公司的前身是1910年建立的久源矿业日立矿山的电机修理厂，1920年从久源矿业公司分立出来，成立日立制作所。总公司设在东京。

日立公司从小平浪平于1910年创立久源矿业日立矿山电机修理厂以来，其生产经营范围，从最初以生产重型电机为主，经过多元发展，业务范围很广，涉及能源系统、铁路交通系统、大数据创新的信息系统，提供健康生活的医疗技术、健康管理和诊断，还涉及家用电器、电脑产品、半导体、产业机械等产品，因此也成立了多家子公司。目前，日立公司已经成为全球500强综合跨国集团，拥有分布于海外不同国家的36家分公司。伴随着经营范围的扩大，业绩的增长，其员工数量也在不断增加，经初步统计，数量已经达到17399人。如此庞大的人员，就需要管理人员用心尽心，如此方能调动员工的积极性。

日立公司的管理者在这方面可谓绞尽脑汁。为了调动员工的积极性，让员工有归属感，从而如同爱自己的家一样爱公司，为公司努力奉献，公司在管理上充分体现人性化的特点，给予员工充分的信任、关爱和尊重，而这种信任、关爱和尊重同样获得了员工的认可和回报，如此才有日立公司的发展壮大。这种人性化的管理，从下面这件事中就可见一斑。

几乎绝大多数企业，都明确规定内部员工不能谈恋爱。之所以出现这样的规定，一方面是由于内部员工一旦谈恋爱，会影响公司风气，降低工作效率；另一方面，还会导致一些不必要的麻烦出现，如泄密和人事升迁问题，利用职务之便合伙侵占公司财务问题等。但是，这样的规定也造成了不少有情人无法成为眷属，优秀员工的流失，军心涣散，团队缺少凝聚力，以致员工"身在曹营心在汉"。

日立公司针对这种现象，为了稳定员工情绪，增强企业凝聚力，从员工的心理需求出发，在公司内部设立了婚姻介绍所。这个婚姻介绍所就是为员工架设的"鹊桥"。婚姻介绍所的总部设在东京日立保险公司大厦八楼，工作人员搜集大厦未婚员工的资料，并输入电脑，形成资料库。当员工有这方面的需求时，只需递交求偶申请书，就可以获得调阅档案的权力。然后，申请者就可以利用休息日坐下来慢慢地、仔细地翻阅这些资料，直至找到自己心仪的对象。一旦选中，公司安排的专门联系人就会将挑选方的一切资料寄给被选中方，被选中方如果愿意见面，公司的负责人就会安排双方见面，见面后双方必须向公司负责人报告对对方的看法，负责人由此充当好"红娘"的职责。

工程师田中在公司工作12年了，但一直无法解决个人问题。公司的婚姻介绍所成立后，为了解决个人问题，田中在同事的怂恿下，将学历、爱好、家庭背景、身高、体重等相关资料输入电脑资料库，结果找到了心仪的伴侣——公司的接线员富泽惠子。两人在离办公室不远的一家餐厅里进行了第一次约会。4小时的约会，两人相互了解，建立了联系。后来经过不到一年的相处，两人迈进了婚姻的殿堂，婚礼也是由公司安排的负责人操办的，婚宴的参加者70%都是夫妇二人的同事。

日立公司帮助员工解决终身大事，员工不但获得了家庭的温暖，可以全心全意地扑在工作上，而且对公司产生了归属感和感恩之心，进而以努力工作回报公司，达到了公司和员工的双赢，这既提升了士气，又提升了效益。这正是建立于互惠关系定律上的人性化管理的优点所在。

Part 12 第十二章

狄德罗与狄德罗效应

自我满足的心理陷阱

买到一套新住宅后，为了配套，先是花大价钱进行装修，进而将家具换成知名品牌，住着如此高档的房间，衣着自然不能过于随便，又购置了一批高档服装……这些现象在生活中并不少见，它们都是狄德罗效应在生活中的反映。

第一节　得到的越多，越难以满足

得到越多，欲望越多

什么是狄德罗效应？狄德罗效应亦称配套效应，是指个体拥有了一件新的物品后，为了达到心理平衡，不断配置与之相适应的各种物品。这种现象可以用一句俗语来概括："人心不足蛇吞象。"也就是得到越多，越不知足。这一心理现象是从何而来的？其背后包含着怎样的心理机制呢？

狄德罗效应这一名称源自18世纪著名的哲学家丹尼斯·狄德罗（Denis Diderot）。作为欧洲启蒙运动时期极具影响力的人物，狄德罗因才华横溢而倍受尊崇。然而，这位哲学家的经济状况并不乐观，甚至可以说是比较窘迫，于是朋友经常三不五时地帮助他，送钱送物，倒也可以让他安心地进行学术研究。

很快，狄德罗的女儿要出嫁了。婚礼的支出必不可少，但狄德罗囊中羞涩。就在这时，崇拜他的俄罗斯女皇凯瑟琳（Catherine）获知了这一消息，不禁对他心生怜惜。要知道，女皇可是狄德罗忠实的书迷，狄德罗编著的《百科全书》就被她放在案头，经常阅读。于是女皇斥资1000英镑（相当于如今的15万美元以上）将狄德罗的个人图书馆购买下来。一夜之间，狄德罗不但有了支付女儿婚礼的费用，而且可以做许多自己喜欢的事情。

狄德罗在为自己购置了此前一直想买而不敢买的物品后，同时买进了一件心心念念的猩红色的睡袍。这件睡袍质地精良、做工考究，十分漂亮。然而，睡袍购置回来后，被放在那些普通的家具、物品中间，相当突兀醒目。尤其当狄德罗穿着它在房间里行走时，原本破旧的家具显得更加破旧，原来不起眼儿的地毯也显得针脚粗大不堪。如此鲜明的对比，让狄德罗感觉到了不协调。无奈之下，他开始将旧家具换成新的，粗糙的地毯换成大马士革地毯，用昂贵的雕塑装饰房间，在壁炉架上安放镜子，真皮椅子取代旧草椅……狄德罗最后发现，为了一件新袍子，自己将家里全部置换一新。更糟糕的是，全新的家让他再也找不到写作的灵感，再也不能心无旁骛地阅读了。

想到由这件睡袍引发的一系列多米诺骨牌式的变化，狄德罗有感而发，认为"自己居然被一件睡袍胁迫了"，于是写作了《与旧睡袍别离之后的烦恼》一文。

200年后，狄德罗因为被睡袍胁迫的事情成为历史的尘埃。1988年，美国人格兰特·麦克莱肯无意中读到狄德罗的这篇文章,感慨万千。他认为发生在狄德罗身上的这一典型事例极具代表性,它集中揭示了消费品之间协调统一的文化现象,于是他借用狄德罗的名义,用"狄德罗效应"对此类现象加以概括。

后来,美国哈佛大学的女经济学家朱丽叶·施罗尔,在对经济和社会现象进行研究时,在其所著的畅销书《过度消费的美国人》中对发生的与狄德罗睡袍类似的事件,如新睡袍导致新书房、新领带导致新西装的攀升消费模式进行了详细分析,用以指代人们在拥有了一件新的物品后,不断配置与其相适应的物品,以达到心理平衡的现象。由此,狄德罗效应成为一个新概念,走进人们的视野,引起越来越多人的关注,被运用到了社会生活的各个方面。

膨胀的欲望:本我、自我和超我

是什么引发了狄德罗及"狄德罗们"一系列的升级行为呢?实际上,狄德罗现象的背后就是源自人的本能的欲望。

在心理学上,"欲望"的另外一个名称是"需求"。何为需求?需求是指人们在某一特定的时期内,在各种可能的价格下愿意并且能够购买某个具体商品的需要。诚如狄德罗的表现,个体的需求是无止境的,因为当一个需求获得满足之后又会产生新的需求。那么，需求包括哪些内容？其根源是什么呢？精神分析学家弗洛伊德和人本主义心理学家马斯洛先后做了分析，并由此提出了关于需求的相关理论。

弗洛伊德提出了生本能和死本能的观点。他在精神分析的相关理论中指出，人格包括本我、自我和超我三个部分。饥渴、性等生来具有的无意识的本能和欲望构成了本我；个体出生后，各种需求在现实环境中由本我中分化发展而产生，由本我而来的各种需求就是自我；个体在生活中接受社会文化道德规范的教养而逐渐形成的行为规范则是超我。三者相互交织，形成复杂的人格，这就是我们看到的个体之所以在不同情境下表现不同的原因。在通常情况下，本我、自我和超我是处于协调和平衡状态的，从而保证了人格的正常发展。

本我、自我和超我的活动是以意识、前意识和无意识的形式表现出来的。人的欲望、冲动、思维、幻想、判断、决定、情感等精神活动在不同的意识层次里发生和进行。那些构成本我的意识，如人类的原始冲动和各种本能，通过遗传得到的人类早期经验以及个人遗忘了的童年时期的经验和创伤性经验，不合伦理的各种欲望和感情，以无意识的形式隐藏起来。

人类源自本我的相当多的欲望，被意识加以抑制，这些与生俱来的需求渴望得到满足，于是就以无意识的形式表现出来。一旦遇到合适的时机，这些无意识下的本我，就会冲破自我和超我的控制，以不同形式表现出来。这就是人们出现诸多不可预见的行为的原因。而个体就借助于这些无意识行为使自己的内心获得满足。

人本主义心理学家马斯洛在其需求层次理论中则指出，人的内心潜藏着五种不同层次的需要，它们分别是生理需要、安全需要、社交需要、尊重需要和自我实现需要。这五种需要是以由低到高的层次发展的。人类原本只是为了生存，产生了诸如生理、安全的需要，后来为了生存得更好，产生了社交、尊重、自我实现等需要。

正是基于以上分析，"生死根本，欲为第一"就成为人类与生俱来的本能。而欲望作为人的本能的一种释放形式，构成了人类行为最内在与最基本的要素。在欲望的推动下，人类不断占有客观的对象，从而与自然环境和社会形成了一定的关系。借助于欲望或多或少的满足，人这个行为主体把握着客体与环境，让主体和客体及环境取得了统一。因此，在某种意义上，欲望是人类改造世界、改造自己的根本动力，也是人类进化、社会发展与历史进步的动力。

因此，狄德罗效应就其本质而言，就是反映了人内在欲望的追求和满足。从生本能和死本能的角度来看，它是合理的。然而，人毕竟是经过进化的社会化动物，其内在的超我决定了人不同于动物。因此，倘若个体任由欲望支配就会失去自我，进而仅剩动物的本能。

《百科全书》之父

事实上，作为一名哲学家，狄德罗不仅因狄德罗效应而闻名，他本身还是一位杰出的艺术评论家和作家。下面，我们借狄德罗效应来了解狄德罗其人其事。

1713年10月5日，狄德罗出生于法国东北部的朗格城。他是五个兄弟姐妹中活到成年的三人之一。1732年，狄德罗进入兰格雷斯的一所耶稣会学院学习哲学，接受正式教育，并获得哲学硕士学位。随后，他进入巴黎大学哈考特学院学习。1735年，他放弃成为神职人员的想法，到巴黎法学院学习。不过，他仅学习了短短的一段时间后，就决定成为一名作家和翻译家。也正是由于他的这个决定，他的父亲不再对他进行管束，当然也不再为他提供经济支持。于是在此后的十年间，他过着放荡不羁且贫困的生活。

1742年，他在法国咖啡馆看国际象棋和喝咖啡时与让·雅克·卢梭相识，此后二人成为朋友。1743年，狄德罗与虔诚的罗马天主教徒安托瓦内特·查普恩结婚。由于查普恩的社会地位低下，接受教育水平低，加之没有嫁妆，且比狄德罗大三岁，所以这一婚姻没能得到狄德罗父亲的认可，甚至令父子关系更加疏远。

1743年，狄德罗翻译了坦普尔·斯坦扬（Temple Stanyan）的《希腊历史》，又与朗索瓦·文森特·图桑（François Vincent Toussant）和马克·安托万·艾杜斯（Marc Antoine Eidous）共同翻译了罗伯特·詹姆斯（Robert James）的《医学词典》。

1749年，已经成为彻底的无神论者和唯物论者的狄德罗又发表了《供明眼人参考的论盲人的信》，并借盲人之口指出，若要一个盲人相信上帝，那就要让他摸到上帝，以此表达自己的无神论观点。因这篇文章的发表，狄德罗被捕入狱。

1750年，获释出狱的狄德罗和达朗贝尔一起，团结和组织了一大批杰出的思想家、科学家、医生、工艺师等，共同编写了卓越的巨著——《百科全书》。这其中就包括著名的思想家伏尔泰、卢梭、爱尔维修、霍尔巴赫等。由于这些人在这部影响巨大的作品中介绍了许多进步的思想和理论，因此他们被称为"百科全书派"。后来，因为法国政府的干涉，许多最初为《百科全书》撰稿的人或离开，或被关进了监狱。达朗贝尔也于1759年离开，狄德罗由此成为全书唯一的编辑。为此，他不但担任了

《百科全书》的主编，还负责全书的编辑、出版，为全书撰写了数以千计的条目。尽管在1765年，狄德罗因对书籍中的一些内容失望而离开，但不可否认的是，狄德罗还是因为对《百科全书》的编撰，直到今天仍被认为是法国大革命的先驱之一。

狄德罗的一生几乎始终在温饱线上苦苦挣扎。直到1766年，喜爱《百科全书》的凯瑟琳女皇聘请他做了图书馆馆长，他的生活才有了很大的改善。

1784年7月31日，这位启蒙时代的杰出人物辞别人世，但他在戏剧和《百科全书》上的贡献，以及在他去世后出版的《拉莫的侄子》《演员悖论》《达朗贝尔的梦》等作品，仍影响着人们的思想，昭示着他在思想和文化上的成就。

第二节　守心止欲，知足常乐

杰西·利弗莫尔：欲望的放纵者

哲学家苏格拉底告诉我们，"幸福的生活往往很简单，比如最好的房间，就是必需的物品一个也不少，没用的物品一个也不多。做人要知足，做事要知不足，做学问要不知足"。因此，从个体发展的角度而言，狄德罗效应在提醒我们，贪欲是无止境的，个体只有学会控制和管理自己的欲望，善于并愿意止欲，才能避免来自外界的更多的物质和精神的压力，才能不为非必要的物质所累，以至于"为奢侈的生活而疲于奔波"，偏离自己的人生目标和发展方向，最终让"幸福的生活离我们越来越远"。

提到证券行业的从业者——杰西·利弗莫尔，几乎无人不知。这个一度被称为"短线狙击手""投机小子"的传奇人物，曾在20世纪初的华尔街书写了他传奇的人生。但正是由于放纵欲望，偏离了人生方向，他最终远离幸福生活，疲病交加而死。

1877年7月26日，利弗莫尔出生于美国马萨诸塞州的一个农民之家。他的父亲凭借着在贫瘠的土地上的辛勤劳作,养家糊口。因此,利弗莫尔从小就过着贫困的生活。14岁时,父亲要求利弗莫尔辍学回家务农,但是利弗莫尔却过够了贫困的生活,想改变贫困的现状。于是在母亲的帮助下,他仅带着几美元就去波士顿闯荡,而且在佩恩－韦伯公司(Payne Webber)谋到了一份在黑板上抄盘的工作。

这是一份周薪仅为6美元的工作。利弗莫尔的工作内容就是紧盯着坐在营业厅中的负责报行情的雇员,一旦听到对方大声报出股票的报价,就要飞速地跑到占满公司整个墙面的黑板前,将报价抄在上面。

慢慢地,这个仅用一年时间念完了三年级数学课程的少年,喜欢上了这份工作。他过人的天资、对数字极其敏感且过目不忘的强项,让他能将股票的价格和代码牢记心间。在工作过程中,他学会了阅读行情,察看报价,还通过努力学习发现了股票市场的一些特定的价格模式。一年后,15岁的利弗莫尔已经可以独立研究股票模式和价格变化了。

在学习的过程中,利弗莫尔终于抓住机会,和朋友凑了5美元购买伯灵顿公司(Burlington)的股票,赚到了来自股市的第一笔利润。此后,他继续投机商号交易。到16岁时,他在股市赚得的钱已经超过了在佩恩－韦伯公司打工的收入。于是,他辞去了工作，用赚到的1000美元开始全身心地辗转于各个投机商号炒股。

四年后，因为他从股市上获得的收益过多，让他赢得了"少年赌客"（The boy plunger）之称的同时，也招致他人的嫉妒。不得已，他干脆前往纽约，操作纽约交易所上市的股票。由于利弗莫尔为人谨慎且不贪婪，总能在失败后及时分析问题，因此尽管他在股市交易中偶尔也会出现失误，但总体来说收入大于损失。

1901年，利弗莫尔投入1万美元买进北太平洋公司（Northern Pacific）的股票，最后翻成了5万美元。但随后由于太急于获得更大的利润，进行了两次卖空操作（向经纪公司借入股票，下跌时再以低价买回，赚取差额），导致血本无归。

这次失败让他意识到，要想获得更大的成功，就要不断地学习，于是他更加注意从错误中学习。此后，他利用空闲时间，不断提升自己的判断力和耐力，并在股市中检验和学习。30岁时，他的操作日益成功，形成了自己的操盘策略。这甚至让他在1907年的熊市初期，借助于做空成了百万富翁。

此后，他以股市的成功为起点，开始了商品期货市场的操作。然而，此时已经成为百万富翁的利弗莫尔太过贪心，违背了独立操作、不听信他人的原则，他不断违背自己的止损原则，最终遭受了毁灭性的打击，欠债高达100多万美元。

一文不名的利弗莫尔心灰意冷，于1914年宣告破产。1915年，他借助于借来的500美元，买进伯利恒钢铁公司（Bethlehem Steel）的股票，使账户资金达到50万美元。尽管中间曾损失一些，但到年底仍余15万美元。1916年年底，利弗莫尔开始做空。借助于获得的内部信息，他净赚约300万美元，获得了东山再起的资本。

1917年，利弗莫尔在市场上不断获利，不但偿还了此前的所有债务，而且在40岁那年开设了信托账户，以保证自己再也不会破产。此时，利弗莫尔已经逐步恢复了他此前在华尔街的影响力。

1920年，利弗莫尔成为华尔街最优秀、最成功的交易人之一，实现了自己的人生梦想，积累了万贯家财。接着，他在工作的同时，开始放纵自己的欲望。尽管此前他也会在紧张的工作之余给自己放假，但这时的他，不仅仅是为自己放假，还一掷千金地置办豪宅、游艇、自用火车，甚至购买那个时代很多人闻所未闻的私人飞机。

1930年，利弗莫尔的操作不再顺风顺水，加之因为婚姻不和、离婚和其他家庭问题变得更加灰心丧气，其巨额财产实际上已经消耗殆尽。1934年，他再度申请破产。1939年年末，风光不再、穷困潦倒，沦为乞丐、酒鬼的利弗莫尔决定将自己的操作策略编写成书，以期获得一些收入，改善生活。然而，1940年3月，当他的《如何进行股票交易》(*How to Trade in Stocks*)一书出版后，并没能达到预期的效果。

1940年11月28日，利弗莫尔在四处透风的公寓里饮弹自杀，留下226万美元的巨额债务。

回顾利弗莫尔的一生，他从一个赤贫的农家少年，借助自己的聪明才智，一步步成为百万富翁。在成功的过程中，他一度善于反省，知道分析错误，这让他几次东山再起。然而，无止境的欲望，让他在获得小成功的同时，追求更大的成功，在生活改善的同时，追求更好的生活。就这样，他在欲望的深渊中不断沉浮，最终失去自我，也失去了生命，他用自己的一生向世人验证了狄德罗效应。

山姆·沃尔顿：大方的"小气鬼"

遍布美国甚至世界的山姆会员店，以其优惠的价格和上乘的品质，吸引着很多人去那里采购。当人们在这里购物时，一方面为较低的价格所喜，另一方面不能不佩服其经营者的匠心。事实上，山姆会员店的经营管理，在一定程度上体现了其创始人山姆·沃尔顿的大方的"小气鬼"的特点。

鸟笼效应

1918年3月29日，山姆·沃尔顿出生于美国俄克拉荷马的翠鸟县（Kingfisher）附近的一个农场主之家。父亲托马斯·吉布森和母亲南希·李·沃尔顿依靠着这家农场，维持家庭开支，养育着孩子。山姆·沃尔顿5岁时，农场的收入已经不足以养活家庭了，于是他的父母决定做回老本行——农场贷款评估师。为此，全家迁出俄克拉荷马州，开始辗转于密苏里州的各个小镇，而在这种辗转各地的生活中，山姆·沃尔顿长大了。

在成长过程中，山姆·沃尔顿始终心怀理想，因此频繁的搬家也不曾影响他的学习热情。他一直不断提升自己的能力，不但因为勤奋好学成为好学生，而且获得了许多荣誉，从八年级时获得的全州最小的童子军最高军衔，到进入高中时带领校橄榄球队在密苏里州夺冠，再到成为学校的政治风云人物——学生会主席。

在优异的表现背后，山姆·沃尔顿始终以一颗平常心要求自己，磨炼自己。当时正值大萧条时代，面对家中的困境，山姆和兄弟利用业余时间和假期一起努力工作，帮助父亲挣钱养家。他给家里的奶牛挤奶，把挤出来的奶装到瓶子里，再把多出来的牛奶送到顾客那里；他还送报纸挣钱。高中毕业时，他因为品学兼优被评为班里"最多才多艺的男孩"，顺利考入密苏里州立大学。

尽管家境困难，甚至达到了入不敷出的地步，但山姆·沃尔顿知道，想要获得根本的改变，必须接受更高的教育。为此，他决定努力克服家境的困难，去读大学。为了赚取上大学的学费，他节约每一分钱，努力利用一切业余时间和假期挣钱。他找了一份油漆匠工作，替别人油漆房屋。

机缘巧合之下，他接到了为一大栋房子刷油漆的业务，房主迈克尔虽然为人挑剔，但给出的报酬却很高。山姆·沃尔顿欣然接受这桩生意，并尽心尽力、一丝不苟地完成。当然，他对工作的认真和负责也赢得了迈克尔的好感。在完工前，发生了一个小插曲。山姆·沃尔顿在为拆下来的一扇门板刷完最后一遍漆时，不慎摔倒，导致门板在刚粉刷好的雪白的墙壁上划下一道清晰的红色的漆印。为了让顾客满意，沃尔顿不得不为了让整栋房子的墙壁保持色调一致，重新购买材料，将全部墙壁重新粉刷一遍。为此付出的代价，让一向节俭的山姆·沃尔顿十分心疼，但他还是坚持了自己做人、做事的原则。当然，这件事也给富有的迈克尔先生留下了极好的印象。

在密苏里州立大学，山姆·沃尔顿主修经济学。为了支付大学里的各项开支，山姆·沃尔顿努力地工作赚钱。他做过餐馆服务员、学校游泳池的救生员……总之，他利用一切机会赚钱。当然了，在学习和工作之余，他同样不忘参与各项校内活动，比如做互助会的干事，参加后备军官训练队，担任星期天学习班（Sunday School Class）的主席，甚至加入全国优等生联合会（National Honor Society）。

大学毕业后，山姆·沃尔顿进入职场，最初的工作是月薪75美元的见习经理。有了收入的山姆·沃尔顿仍旧保持着勤俭的本色，他工作勤奋，生活节俭，很快就积累了丰富的经验。1942年，山姆·沃尔顿依法服完兵役后，在岳父的支持下，收购了纽波特（Newport）的一家商店，开始了自己的创业历程。

学校和军队的生活培养的出色的管理能力和销售技巧，让山姆·沃尔顿在团结一切力量、利用一切助力，将商店经营得风生水起。1962年，山姆·沃尔顿和他的兄弟巴德·沃尔顿已经在阿肯色、密苏里和堪萨斯州拥有16家分店。

在经营管理这些商店的基础上，沃尔玛超市（即"沃尔顿家庭中心"，Walton's Family Center）诞生了。如今，沃尔玛为60多万美国人提供工作，成为世界第一大零售商、《财富》世界500强"排名第一的公司。沃尔顿家族也因沃尔玛的成功，家庭总资产超过1600亿美元而富甲美国。

然而，巨额财富的获得，并没有让成为亿元富翁的山姆·沃尔顿放纵自己的欲望，他仍旧保持着节俭的习惯。他不为自己购置豪宅，直到去世，他还住在本顿维尔；他不雇司机、不开豪车，虽然拥有一辆座位上留有咖啡污渍、没有空调的老式敞篷卡车，但他更多的时候是开着旧货车进出居住的小镇；他不去高档理发会所，只去镇上的理发店，每次花5美元理发，而这个价格是当地理发的最低价。因为节俭，当地人戏称他是个"小气鬼"的老头儿。然而，这个"小气鬼"的老头又异常大方，甚至大手大脚。他向美国5所大学捐出了数亿美元，并在全国范围内设立了很多奖学金。

山姆·沃尔顿去世后，他的几个儿子继承了他节俭的美德。相比美国其他大公司，沃尔玛总裁和董事会主席的办公室并不豪华。山姆·沃尔顿的儿子，时任总裁的吉姆·沃尔顿，平时驾驶的是一辆朴素的老式汽车，他的办公室相当不起眼，仅有20平方米。山姆·沃尔顿的另一个儿子——沃尔玛公司董事会主席罗宾逊·沃尔顿的办公室则只有12平方米，室内陈设也相当简单。

正是由于沃尔顿家族的这种节俭的作风，以至于相当多的人用"'穷人'开店穷人买"来形容沃尔玛。但沃尔玛的成功却告诉人们，只有控制自己的欲望，才能立足高远，全力以赴，获得更大的成功，成就更大的事业。这同样也是狄德罗效应的启示。